科学の
ことばとしての
数学

建築工学のための数学

加藤直樹　鉾井修一　髙橋大弐　大崎 純

著

朝倉書店

執 筆 者

加藤 直樹	京都大学大学院工学研究科建築学専攻・教授	（第1, 5章）
鉾井 修一	京都大学大学院工学研究科建築学専攻・教授	（第3章）
髙橋 大弐	京都大学大学院工学研究科都市環境工学専攻・教授	（第2章）
大崎 純	京都大学大学院工学研究科建築学専攻・准教授	（第4章）

まえがき

　21世紀に入り新しい時代を迎え，工学分野がますます高度に発達してきている．工学分野は日本の将来を支えるきわめて重要な分野であり，工学分野を支える基本技術として，数学の重要性が増している．数学の教科書は数多くあるが，数学を専門とする学生のための教科書ではなく，工学分野に学ぶ学生のための教科書となると，意外に少ない．とりわけ，建築分野を対象として，的を絞った数学の教科書はほとんどない．本書では，建築分野における数学を対象として，常微分方程式，フーリエ解析，ラプラス変換，変分法，確率と統計に話題を絞り，建築分野への豊富な応用例を取り入れて，これらの話題を解説する．数学は，古くからさまざまな自然現象を精密に表現する普遍的な道具として広く用いられてきた．数学は，その論理の厳密性・無矛盾性を重んじるがゆえに，難解な議論を行う必要性が生じ，このことが，学生の興味を妨げる要因となっていることが多い．このように書くと，数学の専門家からの批判を受けることになるであろうが，現実であろう．そのような厳密な数学的議論は場合によって必要だが，とりあえずそこに深く立ち入らずに，どのような場面で広く用いられているかということを理解しておくと，数学を勉強する動機付けとなる．また，数学を利用する立場からすると，どのように用いたらよいのかということを，応用例を交えながら解説してもらえると大変ありがたい．

　本書は，以上のことを意識して書かれている．また，すべての内容が平易に書かれているわけではないが，難しいと思ったら飛ばして読んでもらってもかまわない．

　建築分野では，さまざまな場面で数学が広く用いられている．例えば，地震などの外乱によって構造物がどのような影響を受けるのかを調べる振動解析，構造物の安定性解析，騒音・振動問題，建築音響の問題，建物外部から内部へ

または内部から外部へ時間変化に伴い熱がどのように移動するのかを調べる熱伝導の問題，ある地域の人口が時代の変化とともにどのように変化するかを予測するための人口動態分析，スタジアム・劇場などに設置すべきトイレの数を見積もるための理論的根拠を与える待ち行列の解析，火災発生時の地下街における人の流れの解析，車の流れの解析など，枚挙にいとまがない．数学を用いることの利点は何であろうか．一つの利点は，現象を抽象的に理解できることである．これによって，一見異なる現象でも背後にある数学的な表現が同じだと，統一的に扱うことができる．また，建物などの構造物を設計する際，さまざまなパラメータがその力学的性能を決定している．よい構造物を設計するには，パラメータをいろいろと変化させたとき，その人工物のもつ特性がどのように変化するのかということをみておく必要がある．実物大の試作品をもとに実験していたのでは，お金も時間も膨大にかかる．パラメータと力学的特性値の間の関係を数学的に得ることができたら，そのような実験をほとんどしなくてすみ，設計にかかる時間とコストを劇的に改善できる．

　本書は，大学1，2年生で学ぶ微積分や線形代数の知識を前提としている．本書は，本当に必要な基礎的事項に絞って書いているので，建築を学ぶ学生諸君には，本書程度の内容は是非知っておいてもらいたいと筆者は考えている．人によっては理解するのが困難なところもあろうが，ぜひ通して粘り強く読んでもらいたい．また，各章ごとに章末問題を設けているので，可能な限り独力で取り組んでもらいたい．

　最後になったが，京都大学の加藤研究室の川口史恵さん，神山直之氏，高橋宣之氏，田路剛有氏には，図の作成，章末問題の解答の作成などを協力していただいた．深く感謝する．また，朝倉書店編集部には，適切な助言をいただくとともに，辛抱強く原稿が仕上がるのを待っていただいた．大変感謝している．厚くお礼を申し上げる．

2007年9月

著者を代表して　加 藤 直 樹

目　　次

1. **常微分方程式** …………………………………………………………1
   1.1 応　用　例 …………………………………………………………1
   1.2 線形1階常微分方程式 ………………………………………………7
   1.3 定係数線形2階常微分方程式 ………………………………………9
     1.3.1 斉次方程式の一般解法 ………………………………………11
     1.3.2 非斉次方程式の一般解法 ……………………………………12
   1.4 変係数2階常微分方程式 ……………………………………………18
     1.4.1 斉次方程式 ……………………………………………………19
     1.4.2 コーシー・オイラーの方程式 ………………………………20
     1.4.3 べき級数解 ……………………………………………………20
   1.5 定係数線形高階常微分方程式 ………………………………………22
     1.5.1 斉次方程式 ……………………………………………………23
     1.5.2 非斉次方程式 …………………………………………………25
   1.6 連立1階微分方程式 …………………………………………………26
     1.6.1 行列指数関数 …………………………………………………28
     1.6.2 解 (1.94) の具体的表現 ………………………………………29

2. **フーリエ変換** …………………………………………………………37
   2.1 フーリエ解析って何？ ………………………………………………37
   2.2 フーリエ級数 …………………………………………………………39
   2.3 複素フーリエ級数 ……………………………………………………42
   2.4 フーリエ変換 …………………………………………………………43
   2.5 時間関数のフーリエ変換 ……………………………………………44

| 2.6 インパルス応答とたたみ込み 45
     2.6.1 デルタ関数 46
     2.6.2 たたみ込み 47
   2.7 相関関数とスペクトル 49
     2.7.1 自己相関関数 49
   2.8 フーリエ変換と相関関数の応用例 52

3. ラプラス変換 62
   3.1 ラプラス変換の応用例 62
     3.1.1 解くべき方程式の例 62
     3.1.2 方程式の解 63
     3.1.3 ラプラス変換による解法 63
   3.2 ラプラス変換の定義 64
     3.2.1 歴　　史 64
     3.2.2 ラプラス変換の定義 65
     3.2.3 ラプラス変換の例 65
     3.2.4 導関数のラプラス変換 66
     3.2.5 線　形　性 67
   3.3 ラプラス変換による解法：加重項が時間的に一定の場合 67
   3.4 ラプラス変換による解法：加重項が時間的に変化する場合 68
     3.4.1 解くべき方程式とそのラプラス変換と代数方程式の解 68
     3.4.2 合成積とそのラプラス変換 69
     3.4.3 重畳の原理 70
     3.4.4 デルタ関数 $\delta(t)$ とインパルス応答 71
   3.5 線形定係数 n 階常微分方程式：より現実に近い物理系への拡張 73
     3.5.1 壁と室の2室点の場合：線形定係数2階常微分方程式，加重項は時間不変 73
     3.5.2 ラプラス変換と代数方程式および解の導出 74
     3.5.3 部分分数展開とラプラス逆変換 75
   3.6 偏微分方程式への適用と境界値問題 77

- 3.6.1 壁体の非定常熱伝導を表す方程式 ……………………… 77
- 3.6.2 偏微分方程式の解 ……………………………………… 77
- 3.6.3 初期値問題と境界値問題 ……………………………… 78

4. 変 分 法 …………………………………………………………… 80
- 4.1 変分法とは ……………………………………………………… 80
- 4.2 関数の極大と極小 ……………………………………………… 83
- 4.3 オイラーの方程式 ……………………………………………… 85
- 4.4 第 2 変 分 ……………………………………………………… 94
- 4.5 境 界 条 件 ……………………………………………………… 96
- 4.6 付 帯 条 件 ……………………………………………………… 98
- 4.7 直 接 法 ………………………………………………………… 101

5. 確率と統計 ……………………………………………………… 113
- 5.1 は じ め に ……………………………………………………… 113
- 5.2 確 率 空 間 ……………………………………………………… 113
- 5.3 確率変数と分布 ………………………………………………… 115
- 5.4 2次元の確率変数と分布 ……………………………………… 117
- 5.5 種々の確率分布 ………………………………………………… 118
- 5.6 期待値,分散 …………………………………………………… 123
- 5.7 積率母関数 ……………………………………………………… 125
- 5.8 分布の諸計算 …………………………………………………… 126
- 5.9 和 の 分 布 ……………………………………………………… 127
- 5.10 推　　　定 ……………………………………………………… 129
  - 5.10.1 推定の考え方 ………………………………………… 129
  - 5.10.2 最 尤 原 理 …………………………………………… 134
- 5.11 検　　　定 ……………………………………………………… 135
  - 5.11.1 正規分布の平均の検定 ……………………………… 135
  - 5.11.2 正規分布の分散の検定 ……………………………… 138
- 5.12 マルコフ連鎖 …………………………………………………… 140

  5.12.1 マルコフ連鎖のいろいろな型 …………………………141
  5.12.2 吸収的マルコフ連鎖 ……………………………………142
  5.12.3 エルゴード的マルコフ連鎖 ……………………………143
 5.13 時系列データ ………………………………………………………144

文　　献 ……………………………………………………………………148
演習問題解答 ………………………………………………………………150
索　　引 ……………………………………………………………………163

1

常微分方程式

1.1 応 用 例

常微分方程式の解き方を説明する前に，いくつかの応用例をみておこう．

例題 1.1 1質点系構造物の動的挙動を常微分方程式を用いて記述することを考える．図1.1をみていただきたい．質量 m の物体があり床面と接しているが，床にはオイルなどの粘性体がある．また物体は，水平方向にしか移動できない．

物体には時間変化する外力 $F(t)$ が水平方向に働いている．原点からの変位を $x(t)$ と書く．物体は剛性 k のばねでつながれている．このシステムの動きを表す方程式を求めてみよう．水平方向に働く力は外力 $F(t)$ と，慣性力 $f_I(t)$，減衰力 $f_D(t)$，復元力（ばねが引き戻す力）$f_S(t)$ の3つの抵抗力で，これらの力の間の釣合い式は以下のようになる．

$$f_I(t) + f_D(t) + f_S(t) = F(t) \tag{1.1}$$

ダランベールの原理を用いると，慣性力は質量 m の物体の加速度の積で表さ

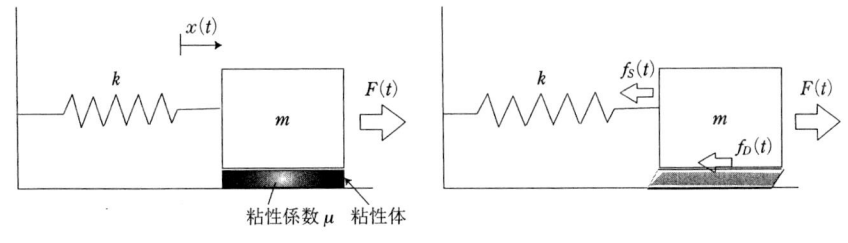

(a) 変位前　　　　　　　　　　(b) 変位後

図1.1　1質点系構造物の説明図

れる．加速度は物体の変位を表す関数 $x(t)$ の時間に関する 2 階微分 $((\mathrm{d}/\mathrm{d}t)^2 x(t) (= (\mathrm{d}^2/\mathrm{d}t^2)x(t))$，もしくは簡潔に $x''(t)$ と表す）で表現される（ちなみに，速度は $x(t)$ の時間に関する 1 階微分 $(\mathrm{d}/\mathrm{d}t)x(t)$ である）．したがって，

$$f_I(t) = mx''(t) \tag{1.2}$$

粘性体による減衰力は減衰係数 c と速度に比例するので，

$$f_D(t) = cx'(t) \tag{1.3}$$

となる．またばねの復元力はばね定数 k と変位 $x(t)$ の積であり，

$$f_S(t) = kx(t) \tag{1.4}$$

となる．以上から次式を得る．

$$mx''(t) + cx'(t) + kx(t) = F(t) \tag{1.5}$$

ここで求めたいのは関数 $x(t)$ であり，この方程式は未知関数 $x(t)$ に関する 2 階常微分方程式と呼ばれる．

　建築への応用では外力として地震動，風が考えられ，建物を設計する前に，そのような想定される外力に対して建物がどのように振動するかを知る必要がある．例えば図 1.2 のような一層建物を考えてみよう．2 次元的に考えてこの紙面に沿って水平振動する場合を考える．

　簡単のため，減衰項がないものとする．また建物においてはその質量がほとんど床の部分に集中し，柱の質量は床に比べて無視できるくらい小さいとする．したがって振動する質量は床部分のみである．その質量を m とする．柱はばねとして働く．地震や風などの外力を P とし，床の水平変位を y，柱のばね定数を k とすると，振動に関する微分方程式は

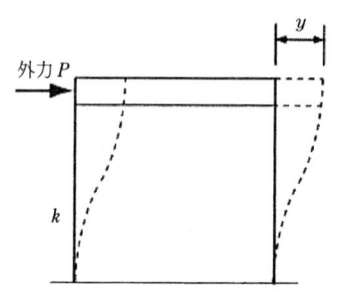

図 1.2　一層構造物の説明図

$$m\frac{\mathrm{d}^2 y}{\mathrm{d}t^2}+ky=0 \tag{1.6}$$

となる．

この方程式は $y=e^{at}$ として式（1.6）に代入すると

$$a^2+\frac{k}{m}=0$$

となる．これより，$a=\pm i\sqrt{k/m}$ を得る（ただし，$i=\sqrt{-1}$）．したがって $y_1=e^{i\sqrt{k/m}\,t}$, $y_2=e^{-i\sqrt{k/m}\,t}$ の2つ解がある．一般にはこれを組み合わせて

$$y=Ae^{i\sqrt{k/m}\,t}+Be^{-i\sqrt{k/m}\,t} \tag{1.7}$$

という一般解を得る（解き方の詳細は1.3節で論じる）．ここで純虚数 i を指数部にもつ指数関数 e^{ix} について触れておく．後述の式（1.26）を用いると $e^{ix}=\cos x+i\sin x$ であるので，式（1.7）は

$$y=A'\cos\sqrt{\frac{k}{m}}\,t+B'\sin\sqrt{\frac{k}{m}}\,t \tag{1.8}$$

という形になる．

例題 1.2 ある国のある年度の総人口を P 人とする．人口 P が将来どのように変化するかを予測したい．そのため，P を時間 t の関数 $P(t)$ と考えて，その微分方程式を立て，それを解くことにより P の予測を行うことを考える．t は年を表すものとし，$t=0$ は現在の年を表しているものとする．人口の増加率 $(\mathrm{d}/\mathrm{d}t)P(t)$ をその年の人口に比例するとすると，次の微分方程式が得られる．

$$\frac{\mathrm{d}}{\mathrm{d}t}P(t)=kP(t)$$

ここで k は正の比例定数である．これを解くと

$$P(t)=P(0)e^{kt}$$

となる．$P(0)$ は現在の人口である．この関数 $P(t)$ は t に関する指数関数であり，t の増加とともにどんどん増加する．これが有名なマルサスの理論である．しかし，これだと人口が増え続ける一方なので，現実の人口変化を表現できているとはいえない．

そこで，次のように修正する．国の面積は決まっているので，人口増加には

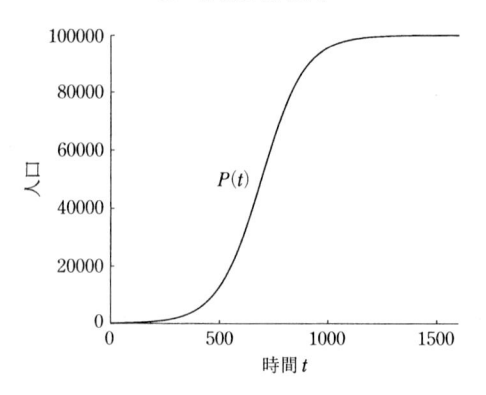

図1.3 ロジスティック方程式の解
初期値＝100．$k=0.01$，$Q=100000$．

限界がある．その国の人口の上限を Q とし，人口が Q に近づくと人口増加率が低下するという考え方である．この考え方を次の微分方程式で表現する．

$$\frac{d}{dt}P(t) = kP(t)\frac{Q-P(t)}{Q}$$

これを解くと次の解が得られる．

$$P(t) = \frac{1}{(1/Q) + ce^{-kt}}$$

ここで c は $P(0) = 1/\{(1/Q)+c\}$ を満たす定数である．上記の微分方程式はロジスティック方程式と呼ばれている．この式を眺めてみると t が十分大きくなると人口増加が緩やかになり，漸近的に Q に近づくことがわかる（図1.3参照）．

例題 1.3 喰うもの（捕食者）と喰われるもの（被捕食者，餌）の数の変動を微分方程式を用いて説明することを考える．捕食者を狼，非捕食者を羊としよう．狼は羊だけを餌としているものとする．狼と羊が同じ地域に住んでいる．時刻 t における狼の個体数を $x(t)$，羊の個体数を $y(t)$ とする．羊が減少すると（$y(t)$ が減少すると），餌が少なくなるので $x(t)$ の増加率が減少する．また，$x(t)$ が減少すると（狼が減ると），羊の増加率は増えるという傾向がある．これを微分方程式で表現する．$y(t)$ の増加率 $(d/dt)y(t)$ は

$$\frac{\mathrm{d}}{\mathrm{d}t}y(t)=(単位時間当たりの羊の増殖数)-(単位時間当たりの羊の死滅数)$$

として表現できる．単位時間当たりの羊の増殖数は現在の羊の個体数 $y(t)$ に比例するものとする．その比例定数を α_1 とする．

その意味はつまり，羊が多ければその数に比例して狼に喰われ，狼が多いとその数に比例して狼に喰われる．これをもう少し，数学的に書くと，羊の数が一定の場合，単位時間当たりの羊の死滅数は狼の個体数に比例し，狼の個体数が一定の場合，単位時間当たりの羊の死滅数は羊の個体数に比例するものとする．これより，単位時間当たりの羊の死滅数は $x(t)y(t)$ に比例するものと考える．その比例定数を α_2 とする．これより，

$$\frac{\mathrm{d}}{\mathrm{d}t}y(t)=\alpha_1 y(t)-\alpha_2 x(t)y(t) \tag{1.9}$$

を得る．次に狼の増加率 $(\mathrm{d}/\mathrm{d}t)x(t)$ について考える．これも羊と同様 $x(t)$ の増加率 $(\mathrm{d}/\mathrm{d}t)x(t)$ を

$$\frac{\mathrm{d}}{\mathrm{d}t}x(t)=(単位時間当たりの狼の増殖数)-(単位時間当たりの狼の死滅数)$$

として表現できる．狼は羊のみを餌としているので狼の増殖数は羊の個体数に比例し，かつ狼の個体数に比例する．よって，単位時間当たりの狼の増殖数は $x(t)y(t)$ に比例するものと考える．その比例定数を β_1 とする．また，狼は一定の比率で死亡する．その死亡率を β_2 とする．以上から次の微分方程式を得る．

$$\frac{\mathrm{d}}{\mathrm{d}t}x(t)=\beta_1 x(t)y(t)-\beta_2 x(t) \tag{1.10}$$

式 (1.9)，(1.10) の連立微分方程式を解くことにより，捕食者と被捕食者の増減の様子をみることができる．図1.4は，$\alpha_1=3/80$，$\alpha_2=1/2400$，$\beta_1=1/3600$，$\beta_2=1/18$ で初期値として $x(0)=100$，$y(0)=100$ を与えた場合の解を表している．この連立方程式はロトカ・ボルテラ方程式と呼ばれ，数理生態学という分野のなかの基本方程式である．鮫と小魚，蝶とその天敵の増減の振る舞いをこの微分方程式で表現できる．また，イワシ，サバ，アジなどの資源量が数十年の周期で増減する振る舞いもこの基本モデルを元に説明することができるかもしれない．実際には捕食者は1種類の餌だけを取るわけではないの

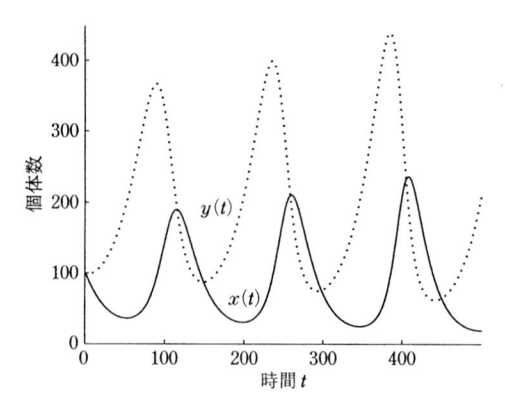

図 1.4 方程式 (1.9), (1.10) の解

で，もっと複雑になる．しかし，タニシトビという鳥はほぼタニシだけを餌にするという例外もある．また，環境汚染による生態系の変化などもこのような方程式で表現する試みもある．

例題 1.4 いま，あるサービスを行う施設が複数個ある．例えば，高速道路の料金所，駅の自動発券機，ある建物内のトイレを想定してもらいたい．このとき知りたいのは，平均的にどの程度の待ち時間が生じるかということである．ここでは簡単のために，サービス施設が1つしかない場合を取り扱う．このサービス施設では最大10人の人が待つことができるものとする．時刻 t において，サービスを受けている人も含めて客が n 人 ($n=0,1,\cdots,10$) いる確率を $P_n(t)$ と表すことにする．客は一定の比率で到着する．その比率を λ とする．また，サービス終了についても一定の比率 μ で発生するものとする．つまり，ここでは客の到着やサービス時間終了はランダムに発生するものとする．まず $P_i(t)$ の変化率 $(d/dt)P_i(t)$ $(i \geq 1)$ について考える．t から $t+\Delta t$ の間に（Δt は微小量），客が到着する確率は $\lambda \Delta t$ であり，客のサービスが終了する確率が $\mu \Delta t$ であるので，

$$P_i(t+\Delta t) = P_{i-1}(t)\lambda\Delta t + P_i(t)(1-\lambda\Delta t - \mu\Delta t) + P_{i+1}(t)\mu\Delta t \qquad (1.11)$$

となる．つまり，微小時間内においては客の増減は高々プラスマイナス1であり，式 (1.11) は時刻 $t+\Delta t$ において客の人数が i 人であるのは直前の時刻 t において $i-1$ 人だったのが1人到着することにより増えるか（右辺第1項），

直前の時刻 t において $i+1$ 人だったのが，客のサービスが終了することにより 1 人減少するか（右辺第 3 項），t から $t+\Delta t$ の間には客の到着も，サービスの終了もないか（右辺第 2 項）のいずれかであることを表している．また，$i=0$ のときは同様の議論より

$$P_0(t+\Delta t) = P_0(t)(1-\lambda \Delta t) + P_1(t)\mu \Delta t \tag{1.12}$$

を得る．これらより，

$$\frac{d}{dt}P_i(t) = \lambda P_{i-1}(t) - (\lambda+\mu)P_i(t) + \mu P_{i+1}(t) \quad i \geq 1 \tag{1.13}$$

$$\frac{d}{dt}P_0(t) = -\lambda P_0(t) + \mu P_1(t) \tag{1.14}$$

$$\frac{d}{dt}P_{10}(t) = \lambda P_9(t) - \mu P_{10}(t) \tag{1.15}$$

の連立微分方程式を得る．この方程式を解くことにより，サービス施設内の客の人数分布を求めることができ，これより平均待ち時間が計算できる．このような問題は一般に待ち行列理論として知られており，建築分野では，例えば劇場，体育館におけるトイレの適正な数を求める際に用いられている．

本章では，このような常微分方程式をどのようにして解くのかということを解説する．

1.2 線形 1 階常微分方程式

本節では最もやさしいタイプの線形微分方程式の解き方を学ぶ．未知関数を $y(x)$，既知関数を $q(x)$, $f(x)$ として

$$y' + q(x)y = f(x) \tag{1.16}$$

のタイプの常微分方程式を考える．ここで，$q(x)$, $f(x)$ は連続関数，未知関数も 1 階微分可能な連続関数と仮定する．

まずはじめに $f(x)$ が恒等的に 0 である場合について考える．つまり，

$$y' + q(x)y = 0 \tag{1.17}$$

である．通常，微分方程式を考えるときは，未知関数のある特別な値について関数の値がわかっているケースを取り扱う．前節の例題 1.1 でもみたように，時刻 0 の状態がわかっている場合に将来の挙動を知りたいという問題が現実に

はよく現れる．この問題は一般に**初期値問題**（initial-value problem）と呼ばれる．また，両端が固定されている梁のたわみを取り扱う場合，**境界値問題**（boundary-value problem）と呼ばれる．

例題 1.5 初期値問題
$$y' + 2y = 0, \qquad y(0) = 1 \tag{1.18}$$
を解いてみよう．つまり，未知関数 $y(x)$ を $x > 0$ の範囲で求める問題である．まず，解 $y(x)$ が存在すると仮定する．$y(0) = 1 > 0$ より，$y(x)$ の連続性から $x = 0$ より少し大きい x では $y(x) > 0$ である．したがって，式 (1.18) の両辺を y で割り，次式を得る．
$$\frac{y'}{y} = -2 \tag{1.19}$$
ここで $(\log y)' = 1/y$ を用いると，
$$(\log y)' = -2$$
を得る．両辺を x で積分すると
$$\log y = -2x + c$$
を得る．ここで c は定数である．ここで初期条件 $y(0) = 1$ を用いると $\log 1 = 0$ より，$c = 0$ となる．よって，
$$\log y = -2x$$
となるので，
$$y(x) = e^{-2x} \tag{1.20}$$
という解を得る．いま，この解は，$y(x) > 0$ という範囲で求めた解であることに注意されたい．式 (1.20) がすべての x に対する解であることを確かめるには，式 (1.20) がすべての x に対して式 (1.18) を満たすことを調べたらよい．そうすると
$$y' + 2y = (e^{-2x})' + 2e^{-2x} = -2e^{-2x} + 2e^{-2x} = 0$$
でかつ $y(0) = 1$ であるので，確かに式 (1.20) は式 (1.18) の解であることが確認された．ちなみに，$x < 0$ の範囲でも，式 (1.20) は，式 (1.18) の解であることに注意されたい．また，求めた式 (1.20) の解以外の解が存在しないことも確かめられる．もし，$y = z(x)$ が式 (1.20) 以外の解とする．そう

すると，
$$z'+2z=0, \quad z(0)=1$$
を満たす．$w=y-z$ とおくと，式 (1.18) より，
$$w'+2w=0, \quad w(0)=0 \tag{1.21}$$

$\forall x_1(\geq 0)$ をとって固定する．すると，$w(x)$ も連続関数だから，$[0,x_1]$ において $|w(x)|\leq K$ であるような定数 K が存在する．式 (1.21) を積分すると，

$$w(x)=-2\int_0^x w(t)\mathrm{d}t \tag{1.22}$$

$$|w(x)|\leq 2\int_0^x |w(t)|\mathrm{d}t \tag{1.23}$$

だから，
$$|w(x)|\leq 2\int_0^x K\mathrm{d}t=2Kx$$

これを再び式 (1.23) に代入すると
$$|w(x)|\leq 2\int_0^x 2Kt\mathrm{d}t\leq 2^2 K\{x_1\}^2/2$$

さらにこれを繰り返すと
$$|w(x)|\leq K\frac{\{2x_1\}^n}{n!} \xrightarrow{n\to\infty} 0$$

したがって，$[0,x_1]$ の範囲で $w(x)\equiv 0$ となる．いま，x_1 のとり方は任意であったので，$w(x)$ は恒等的に 0 であることになる．

よって，$z(x)=y(x)$ となり，最初に求めた式 (1.20) 以外の解は存在しない．一般に工学分野で扱う常微分方程式のほとんどの場合は，初期条件や境界条件が定まっているとき，解は 1 通りしかない．これを一般に**解の一意性定理**（uniqueness theorem）という．以下で扱うすべての問題は「解の一意性定理」が成り立つ．

1.3　定係数線形 2 階常微分方程式

本節では以下の式 (1.24) の 2 階常微分方程式の解法を論じる．理工系の分野で最もよく現れるタイプの微分方程式であり，力学系の運動方程式のほとん

どは，現象として異なっていてもこの形で表現される．本節では，とくに未知関数の係数である a_1, a_0 は定数である場合を扱う．

$$\frac{d^2 y}{dx^2} + a_1 \frac{dy}{dx} + a_0 y = f(x) \tag{1.24}$$

$f(x)=0$ の場合は斉次方程式と呼ばれ，そうでない場合は非斉次方程式である．まず，$a_1=0$ の非斉次方程式を考えよう．

$$\frac{d^2 y}{dx^2} + a_0 y = 0 \quad (a_0 \neq 0) \tag{1.25}$$

$y=e^{\lambda x}$ とおいて，式 (1.25) に代入してみよう．すると，

$$\lambda^2 e^{\lambda x} + a_0 e^{\lambda x} = 0$$

となる．したがって，

$$\lambda^2 = -a_0$$

を満たす．これより λ を求めると，$a_0 < 0$ なら $\lambda = \sqrt{-a_0}$, $\lambda = -\sqrt{-a_0}$ が異なる2つの解である．例えば，$a_0 = -1$ なら $\lambda = 1, -1$ である．これにより，式 (1.25) の解は $y = e^{\sqrt{-a_0}x}$, $y = e^{-\sqrt{-a_0}x}$ の2種類ある．一般に斉次方程式の場合，$y = f(x)$ が解ならその定数倍の $c \cdot f(x)$ も解である．また，$y = f(x)$, $y = g(x)$ がともに解ならば，その線形結合 $y = c_1 f(x) + c_2 g(x)$ も解である（c_1, c_2 は定数）．よって，一般解は

$$y = c_1 e^{\sqrt{-a_0}x} + c_2 e^{-\sqrt{-a_0}x}$$

と表現される．初期値問題の場合，y の初期値が与えられると c_1, c_2 の値が具体的に定まる．例えば $a_0 = -1$ として，初期値 $x=0$ のとき $y=2$, $y'=0$ とする．すると，$c_1 + c_2 = 2$, $c_1 - c_2 = 0$ を満たし，$c_1 = c_2 = 1$ となる．

さて，$a_0 > 0$ の場合，式 (1.25) の解はどうなるのであろうか．簡単のため，$a_0 = 1$ の場合を考えてみよう．このとき，$y = e^{\lambda x}$ とおいてこれを式 (1.25) に代入すると，$\lambda^2 = -1$ を得る．よって，$\lambda = i, -i$ である（i は純虚数である）．これより，$y = e^{ix}$, $y = e^{-ix}$ の2つの解となる．さて，e^{ix}, e^{-ix} はおのおの

$$e^{ix} = \cos x + i \sin x, \quad e^{-ix} = \cos x - i \sin x \tag{1.26}$$

であることに注意すると，一般解 $y = c_1 e^{ix} + c_2 e^{-ix}$ は

$$y = c_1 \cos x + c_2 \cos x + i(c_1 \sin x - c_2 \sin x)$$

と書ける．ここで，例えば $y(0)=2$, $y'(0)=0$ なら，$c_1=c_2=1$ となり，$y=2\cos x$ なる解を得る．

1.3.1 斉次方程式の一般解法

さて，一般に
$$y''+a_1y'+a_0y=0 \tag{1.27}$$
の形の2次の斉次方程式の解の求め方を説明しよう．そのために，上で説明したのと同様に $y=e^{\lambda x}$ とおいて代入すると，
$$\lambda^2+a_1\lambda+a_0=0 \tag{1.28}$$
という2次方程式を得る．この方程式を**特性方程式**（characteristic equation）という．

(1) 2次方程式が異なる2つの解をもつ．それらの解を λ_1, λ_2 とすると，前述と同じようにして
$$y=e^{\lambda_1 x}, \qquad y=e^{\lambda_2 x}$$
という2つの解がともに元の斉次方程式を満たしている．これらの解は基本解と呼ばれ，この2つの線形結合である一般解は，c_1, c_2 を定数として，
$$y=c_1e^{\lambda_1 x}+c_2e^{\lambda_2 x} \tag{1.29}$$
によって与えられる．これももちろん式 (1.27) の解である．$y=e^{\lambda_1 x}$ と $y=e^{\lambda_2 x}$ はともに0でない任意の実数 a, b に対して $ae^{\lambda_1 x}+be^{\lambda_2 x}$ が恒等的に0である関数となることはない．この意味で2つの関数は独立という．一般に2次の斉次方程式の独立な基本解は2つある．λ_i が虚数の場合，$e^{\lambda_i x}$ がどのような形になるかについて説明しておく．$\lambda_i=\alpha+i\beta$ とすると（α, β は実数），
$$e^{\lambda_i x}=e^{\alpha x+i\beta x}=e^{\alpha x}(\cos \beta x+i\sin \beta x)$$
である．

(2) 2次方程式が重解をもつ．その解を λ_1 とする．$y=e^{\lambda_1 x}$ およびその定数倍が式 (1.27) の解であることはこれまでと同様である．これ以外に解があるのかという点が気になる．実は $y=xe^{\lambda_1 x}$ も解であることが確かめられる．実際，
$$y'=e^{\lambda_1 x}+\lambda_1 xe^{\lambda_1 x}$$
$$y''=2\lambda_1 e^{\lambda_1 x}+\lambda_1^2 xe^{\lambda_1 x}$$

であるので，これらを式 (1.27) に代入すると，
$$2\lambda_1 e^{\lambda_1 x} + \lambda_1^2 x e^{\lambda_1 x} + a_1(e^{\lambda_1 x} + \lambda_1 x e^{\lambda_1 x}) + a_0 x e^{\lambda_1 x}$$
$$= (\lambda_1^2 + a_1\lambda_1 + a_0) x e^{\lambda_1 x} + (2\lambda_1 + a_1) e^{\lambda_1 x} \tag{1.30}$$
となる．ここで，右辺第 1 項の（ ）内は a_1 が特性方程式 (1.28) の解であるから，$\lambda_1^2 + a_1\lambda_1 + a_0 = 0$ である．また，λ_1 は特性方程式 (1.28) の重解であるので，$2\lambda_1 + a_1 = 0$ となり，式 (1.30) は 0 となる．

以上より，$y = xe^{\lambda_1 x}$ は式 (1.27) の解である．また，$e^{\lambda_1 x}$ と $xe^{\lambda_1 x}$ は独立である．これより，一般解は c_1, c_2 を定数として，
$$y = c_1 e^{\lambda_1 x} + c_2 x e^{\lambda_1 x} \tag{1.31}$$
によって与えられる．

1.3.2　非斉次方程式の一般解法

非斉次方程式 (1.24) は，上述の斉次方程式の一般解を用いて次のように求めることができる．斉次方程式 (1.27) の一般解を $y = v(x)$ とすると，$v(x)$ と 1 次独立な非斉次方程式 (1.24) の任意の 1 つの解を $y = w(x)$ とする．すると，非斉次方程式 (1.24) の一般解は
$$y = v(x) + w(x) \tag{1.32}$$
と表せる．ここで，$v(x)$ が $w(x)$ と 1 次独立とは，
$$\alpha_1 v(x) + \alpha_2 w(x)$$
が恒等的に 0 となる定数 α_1, α_2 が存在しないことである．

したがって，$v(x)$ と 1 次独立な非斉次方程式 (1.24) の解をどれでもよいから 1 つみつけてくれば，上述の斉次方程式の一般解と組み合わせて，非斉次方程式 (1.24) の一般解が表現できる．

非斉次方程式 (1.24) の右辺の関数 $f(x)$ が特別な形をしている場合，もう少し簡単に解を求めることができる．その基本的な考え方は，うまく**特解** (particular solution) を求める方法にある．以下，$f(x)$ が多項式，指数関数，三角関数の場合について考える．
$$f(x) = b_k x^k + b_{k-1} x^{k-1} + \cdots + b_1 x_1 + b_0 \tag{1.33}$$
$$f(x) = b e^{ax} \tag{1.34}$$
$$f(x) = b \sin ax, \text{ または } f(x) = b \cos ax \tag{1.35}$$

(1) 多項式の場合：例題をみていこう．

例題 1.6
$$y'' + 3y' + 4y = x^2 + 2x \tag{1.36}$$
特解を $w(x) = b_2 x^2 + b_1 x + b_0$ とおいて，b_0, b_1, b_2 の間に成り立つ関係を調べる．$w(x) = b_2 x^2 + b_1 x + b_0$ を式 (1.36) に代入すると，
$$4b_2 x^2 + (6b_2 + 4b_1) x + (2b_2 + 3b_1 + 4b_0) = x^2 + 2x$$
が成り立つ．これより，
$$4b_2 = 1, \quad 6b_2 + 4b_1 = 2, \quad 2b_2 + 3b_1 + 4b_0 = 0$$
となる．これを解くと，次の特解を得る．
$$w(x) = \frac{1}{4} x^2 + \frac{1}{8} x - \frac{7}{32}$$

(2) 指数関数の場合：次の例題をみよう．

例題 1.7
$$y'' - 3y' - 4y = e^{2x} \tag{1.37}$$
一般解は $y = c_1 e^{4x} + c_2 e^{-x}$ である．特解を $w(x) = be^{2x}$ とおき，式 (1.37) に代入すると，
$$-6be^{2x} = e^{2x}$$
となり，
$$w(x) = -\frac{1}{6} e^{2x}$$
の特解を得る．さて，
$$y'' - 3y' - 4y = e^{-x} \tag{1.38}$$
の場合はどうであろうか．この場合，$w(x) = be^{-x}$ は一般解に1次従属であるから特解にはならない．そこで，$w(x) = bxe^{-x}$ とおいて，b を求めよう．$w(x) = bxe^{-x}$ を式 (1.38) に代入すると，
$$-5be^{-x} = e^{-x}$$
となる．よって，特解として $w(x) = -(1/5) xe^{-x}$ を得る．

(3) 三角関数の場合：次の方程式を考える．

例題 1.8
$$y'' + y' + y = \sin x \tag{1.39}$$
特解を $w(x) = b_1 \cos x + b_2 \sin x$ とおいて，これを式 (1.39) に代入する．すると，
$$-b_1 \sin x + b_2 \cos x = \sin x$$
となり，$b_1 = -1$, $b_2 = 0$ から $w(x) = -\cos x$ なる特解を得る．式 (1.39) の特性方程式
$$\lambda^2 + \lambda + 1 = 0$$
を解くと，$\lambda_1 = (-1+\sqrt{3}\,i)/2$, $\lambda_1 = (-1-\sqrt{3}\,i)/2$ を得るので，一般解は
$$c_1 e^{-x/2}\left(\cos\left(\frac{\sqrt{3}}{2}x\right) + i\sin\left(\frac{\sqrt{3}}{2}x\right)\right) + c_2 e^{-x/2}\left(\cos\left(\frac{\sqrt{3}}{2}x\right) - i\sin\left(\frac{\sqrt{3}}{2}x\right)\right)$$
であるので，上で求めた $w(x) = -\cos x$ は一般解と独立である．

さて，初期条件
$$y(0) = c_0, \qquad y'(0) = c_1 \tag{1.40}$$
が与えられたとき，式 (1.24) を解く方法について述べる．まず，式 (1.24) の右辺の非斉次項 $f(x)$ を $f(x) = 0$ とおいた次の斉次方程式
$$\begin{cases} \dfrac{d^2 y}{dx^2} + a_1 \dfrac{dy}{dx} + a_0 y = 0 \\ y(0) = c_0, \quad y'(0) = c_1 \end{cases} \tag{1.41}$$
の解を $v(x)$ とする．また，次の非斉次方程式
$$\begin{cases} \dfrac{d^2 y}{dx^2} + a_1 \dfrac{dy}{dx} + a_0 y = f(x) \\ y(0) = 0, \quad y'(0) = 0 \end{cases} \tag{1.42}$$
の解 $w(x)$ を求める．すると，式 (1.24) の解は，
$$y = v(x) + w(x) \tag{1.43}$$
と表せる．$w(x)$ は次のようにして求める．まず，次の斉次方程式
$$\begin{aligned} &\dfrac{d^2 y}{dx^2} + a_1 \dfrac{dy}{dx} + a_0 y = 0 \\ &y(0) = 0, \qquad y'(0) = 1 \end{aligned} \tag{1.44}$$

の解 $g(x)$ を求める．すると，

$$w(x) = \int_0^x g(x-t)f(t)\,\mathrm{d}t \tag{1.45}$$

が求める解 $w(x)$ である．以下でそれを確かめよう．$w(x)$ を微分すると，

$$\left(\frac{\mathrm{d}}{\mathrm{d}x}\right)w(x) = \overset{0}{\overbrace{g(0)}}f(x) + \int_0^x \left(\frac{\mathrm{d}}{\mathrm{d}x}\right)g(x-t)f(t)\,\mathrm{d}t$$

$$= \int_0^x \left(\frac{\mathrm{d}}{\mathrm{d}x}\right)g(x-t)f(t)\,\mathrm{d}t$$

（式 (1.44) より $g(0)=0$）
$$\tag{1.46}$$

となる．もう一度微分すると，

$$\left(\frac{\mathrm{d}}{\mathrm{d}x}\right)^2 w(x) = \overset{1}{\overbrace{\left(\frac{\mathrm{d}}{\mathrm{d}x}\right)g(0)}}f(x) + \int_0^x \left(\frac{\mathrm{d}}{\mathrm{d}x}\right)^2 g(x-t)f(t)\,\mathrm{d}t$$

（式 (1.44) より $g'(0)=1$）

となる．これより

$$\left(\frac{\mathrm{d}}{\mathrm{d}x}\right)^2 w(x) + a_1\left(\frac{\mathrm{d}}{\mathrm{d}x}\right)w(x) + w(x)$$
$$= f(x) + \int_0^x \underbrace{\left[\left(\frac{\mathrm{d}}{\mathrm{d}x}\right)^2 g(x-t) + a_1\left(\frac{\mathrm{d}}{\mathrm{d}x}\right)g(x-t) + a_0 g(x-t)\right]}_{0} f(t)\,\mathrm{d}t$$
$$= f(x)$$

となり，確かめられた．また初期条件 $w(0)=0$，$w'(0)=0$ を満たしていることは，式 (1.45) から容易に確かめられる．

例題 1.9

$$y'' + 2y' - 3y = x \tag{1.47}$$

$$\text{初期条件：} y(0)=2, \quad y'(0)=1 \tag{1.48}$$

特性方程式は

$$\lambda^2 + 2\lambda - 3 = 0$$

この解は $\lambda_1=1$，$\lambda_2=-3$ である．したがって式 (1.47) の右辺を 0 とおいた斉次方程式の一般解は

$$y = c_1 e^x + c_2 e^{-3x}$$

である．初期条件 $y(0)=2$ と $y'(0)=1$ より，

$$c_1 + c_2 = 2, \quad c_1 - 3c_2 = 1$$

を得る．これを解くと，$c_1=7/4$，$c_2=1/4$ となり斉次方程式 (1.41) の解 $v(x)$ は

$$v(x) = \frac{7}{4} e^x + \frac{1}{4} e^{-3x}$$

となる．次に非斉次方程式

$$\begin{aligned} y'' + 2y' - 3y &= x \\ y(0) = 0, \quad y'(0) &= 0 \end{aligned} \tag{1.49}$$

の解 $w(x)$ を先述の手順で求める．そのためにまず次の斉次方程式の解 $g(x)$ を求める．

$$\begin{cases} g'' + 2g' - 3g = 0 \\ g(0) = 0, \quad g'(0) = 1 \end{cases}$$

$v(x)$ を求めた方法と同様の方法により，

$$g(x) = \frac{1}{4} e^x - \frac{1}{4} e^{-3x}$$

を得る．ゆえに，

$$w(x) = \int_0^x g(x-t)\, t\,\mathrm{d}t = \frac{1}{4} \int_0^x (e^{(x-t)} - e^{-3(x-t)})\, t\,\mathrm{d}t$$

これより，計算を行うと

$$w(x) = \frac{1}{4} e^x - \frac{1}{36} e^{-3x} - \frac{1}{3} x$$

したがって，式 (1.47) の解は

$$u(x) = 2 e^x + \frac{2}{9} e^{-3x} - \frac{1}{3} x - \frac{2}{9}$$

となる．

例題 1.10 構造物がその平衡位置から変位するには，外部からの力が働かねばならない．この外部の力によって起こる振動を強制振動という．また，外力が作用する場合の構造物の動的な挙動を求めることを外力に対する応答を求めるという．最も簡単な例として外力が一定の振幅の正弦波である場合を考え

よう．その外力を $P_0 \cos \omega t$ とする（P_0 は振幅を表す）．そして，1自由度振動系を考えると，減衰力が働く場合，振動を表す微分方程式は次のようになる．

$$my'' + cy' + ky = P_0 \cos \omega t \tag{1.50}$$

以下，$c^2 < 4mk$ の場合について解の挙動をみよう．この特解は $w(t) = b_1 \cos \omega t + b_2 \sin \omega t$ となる．これを式 (1.50) に代入して $\cos \omega t$ および $\sin \omega t$ の係数が左右両辺等しいとすることにより，b_1，b_2 の値が次のように求まる．

$$b_1 = \frac{P_0}{m} \cdot \frac{k/m - \omega^2}{(k/m - \omega^2)^2 + c^2 \omega^2/m^2}, \quad b_2 = \frac{P_0}{m} \cdot \frac{c\omega/m}{(k/m - \omega^2)^2 + c^2 \omega^2/m^2} \tag{1.51}$$

また，斉次方程式

$$my'' + cy' + ky = 0 \tag{1.52}$$

の一般解は，$c^2 < 4mk$ よりその特性方程式の解が

$$-\frac{c}{2m} \pm \frac{\sqrt{c^2 - 4mk}}{2m} = -\frac{c}{2m} \pm \frac{\sqrt{4mk - c^2}}{2m} i$$

であるので，

$$e^{-(c/2m)t} \left(A \cos \frac{\sqrt{4mk - c^2}}{2m} t + B \sin \frac{\sqrt{4mk - c^2}}{2m} t \right)$$

と書ける．これより，式 (1.50) の一般解は次のようになる．

$$e^{-(c/2m)t} \left(A \cos \frac{\sqrt{4mk - c^2}}{2m} t + B \sin \frac{\sqrt{4mk - c^2}}{2m} t \right) + b_1 \cos \omega t + b_2 \sin \omega t \tag{1.53}$$

t が増えるに従って，第1項（減衰項）は 0 に近づく．第2項，第3項は強制項と呼ばれるもので，一定の周期で振動を繰り返す．いま，外力 P_0 が静的に作用したときの変位を考える．それは P_0/k である．これより，外力が動的に作用したときの振動の振幅 D は

$$D = \sqrt{b_1^2 + b_2^2} = \frac{P_0}{m} \cdot \frac{1}{\sqrt{(k/m - \omega^2)^2 + c^2 \omega^2/m^2}}$$

D と P_0/k の比 R（変位応答率という）を考えると

$$\frac{1}{\sqrt{(1 - \omega^2/(m/k))^2 + c^2 \omega^2/k^2}} \tag{1.54}$$

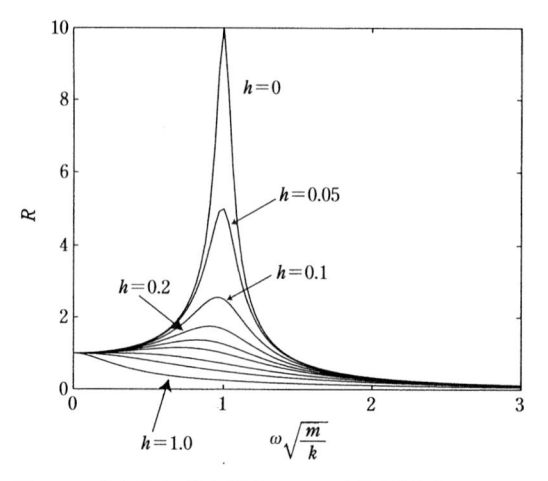

図1.5 1自由度系の強制振動における変位応答倍率 R の変化
ただし，$n=\sqrt{k/m}$ である．

となる．図1.5は $\omega\sqrt{m/k}$ を横軸，R を縦軸としてグラフを描いたものである．図中の曲線は $h=c/2\sqrt{mk}=0$，0.05，0.1，0.2，0.3，0.4，0.5，0.7，1.0 の10通りについて示している．$\omega\sqrt{m/k}=1$ に近づくにつれて**共振**（resonance）の状態になり，R の値が大きくなる．また，h が0に近づくにつれて R の値が大きくなることがわかる．

1.4 変係数2階常微分方程式

前節とは異なり，係数が定数ではなくて x の関数となる場合を取り扱う．このような微分方程式は偏微分方程式を解く際にも現れる．ドラムの張り皮の振動方程式がその典型例で，張り皮が円形の非常に薄い膜でできている場合，x を張り皮の半径とすると張り皮の振動は

$$y''+\frac{1}{x}y'+\left(k^2-\frac{n^2}{x^2}\right)y=0$$

の微分方程式（ベッセルの微分方程式という）を解くことによって得られることが知られている．

一般の変係数2階常微分方程式は以下のように書ける．

1.4 変係数2階常微分方程式

$$y'' + p(x)y' + q(x)y = f(x) \tag{1.55}$$

対応する斉次方程式は

$$y'' + p(x)y' + q(x)y = 0 \tag{1.56}$$

である．定数係数の斉次方程式の場合，解のひとつは指数関数であった．変数係数の場合，そう簡単ではなく，ここに変数係数の微分方程式を解く難しさがある．また，前節のような一般解法は存在しない．

1.4.1 斉次方程式

定数係数の場合と同様に，独立な解はちょうど2つあることが知られている．一般に，斉次方程式に限っても変数係数の微分方程式を解くのは難しいが，1つの解が何らかの方法でわかった場合，他の独立な解は**階級降下法**（reduction of order）と呼ばれる方法によって求めることができる．

例題 1.11 いま，

$$xy'' - 2(x+3)y' + (x+6)y = 0 \tag{1.57}$$

の方程式を考えよう．$y = e^x$ とすると，これが解であることは容易にわかる．いま，他の独立な解を $y = u(x)e^x$ として，これを上の式に代入してみよう．

$$y' = u'(x)e^x + u(x)e^x, \qquad y'' = u''(x)e^x + 2u'(x)e^x + u(x)e^x$$

これを代入すると

$$[xu''(x) - 6u'(x)]e^x = 0$$

を得る．$e^x \neq 0$ だから，結局

$$xu''(x) - 6u'(x) = 0 \tag{1.58}$$

となる．ここで $v(x) = u'(x)$ とおくと，

$$xv'(x) - 6v(x) = 0$$

となり，この方程式の一般解は $v(x) = c_1 x^6$ である（c_1 は任意の定数）．したがって，$u(x) = c_1 x^7/7 + c_0$ である．これより，式 (1.57) の一般解は

$$y = b_1 e^x + b_2 x^7 e^x$$

となる．

1.4.2 コーシー・オイラーの方程式

コーシー・オイラーの方程式（Cauchy-Euler equation）とは

$$y'' + \frac{a_1}{x}y' + \frac{a_2}{x^2}y = 0 \tag{1.59}$$

の形をしている微分方程式である．ただし，a_1, a_2 は定係数である．これは変数係数方程式の特殊な場合である．両辺に x^2 を掛けてみると

$$x^2 y'' + a_1 x y' + a_2 y = 0$$

が得られる．より一般的なコーシー・オイラーの方程式は次のように書ける．

$$x^n y^{(n)} + a_{n-1} x^{n-1} y^{(n-1)} + \cdots + a_1 x y' + a_0 = 0$$

さて，式 (1.59) の解であるが，x^p を式 (1.59) に代入すると

$$p(p-1)x^{p-2} + a_1 p x^{p-2} + a_2 x^{p-2} = 0$$

となり，結局

$$(p^2 + (a_1-1)p + a_2)x^{p-2} = 0$$

となるので，p は

$$p^2 + (a_1-1)p + a_2 = 0 \tag{1.60}$$

の解である．式 (1.60) の解は，2 つの異なる実数根，重根，複素共役根の 3 通りであり，① 2 つの異なる実数根の場合は，それを p_1, p_2 とすると x^{p_1}, x^{p_2} が基本解となる．② 重根の場合（それを p とする），$y = u(x) x^p$ として定数変化法を適用すると，$u(x) = \log x$ となる．したがって，x^p, $x^p \log x$ が基本解となる．③ 複素共役根の場合（$\alpha + i\beta$, $\alpha - i\beta$ とする），$x^{\alpha+i\beta}$, $x^{\alpha-i\beta}$ が基本解となる．

1.4.3 べき級数解

変数係数をもつ線形常微分方程式は定係数の場合と異なり，解析的に解を求めるのは困難な場合が多い．そのため，一般解法としては以下で述べるべき級数展開による方法が知られている．具体的な方法を知るために以下の例題を考えよう．

例題 1.12

$$y'' - xy' - 2y = 0 \tag{1.61}$$

べき級数解として
$$y=\sum_{i=0}^{\infty}a_i x^i \qquad (1.62)$$
とおく．これを式 (1.61) に代入して方程式が成り立つように係数 a_i を定める．すると，解 y のべき級数展開式が得られる．都合のよい場合は，その展開式から y の解析的な解の形がわかることがある．さて，
$$y'=\sum_{i=1}^{\infty}i a_i x^{i-1}, \qquad y''=\sum_{i=2}^{\infty}i(i-1)a_i x^{i-2}$$
を用いて，式 (1.62) を式 (1.61) に代入すると，
$$\sum_{i=2}^{\infty}i(i-1)a_i x^{i-2} - x\sum_{i=1}^{\infty}i a_i x^{i-1} - 2\sum_{i=0}^{\infty}a_i x^i = 0$$
となる．整理すると
$$\sum_{i=0}^{\infty}(i+2)(i+1)a_{i+2}x^i - \sum_{i=0}^{\infty}(i+2)a_i x^i$$
$$=\sum_{i=0}^{\infty}((i+2)(i+1)a_{i+2}-(i+2)a_i)x^i = 0$$
となる．これより，
$$a_{i+2}=\frac{(i+2)a_i}{(i+2)(i+1)}=\frac{a_i}{i+1}, \qquad i=0,1,\cdots$$
を得る．この漸化式を解くと，i が偶数のとき ($i=2p$)，
$$a_{2p}=\frac{a_0}{(2p-1)(2p-3)\cdots 1}$$
i が奇数のとき ($i=2p+1$)，
$$a_{2p+1}=\frac{a_1}{2p(2p-2)\cdots 2}$$
となる．
$$y_1(x)=a_0\sum_{p=0}^{\infty}\frac{1}{(2p-1)(2p-3)\cdots 1}x^{2p}, \qquad y_2(x)=a_1\sum_{p=0}^{\infty}\frac{1}{2p(2p-2)\cdots 2}x^{2p+1} \qquad (1.63)$$
とすると，式 (1.61) の一般解は
$$y=c_1 y_1(x)+c_2 y_2(x) \qquad (1.64)$$
と書ける．

ここで注意すべきことは，べき級数は無限級数となることである．無限級数

は発散することがあるので，それについては上の例題のようにして係数が定まった後に調べる必要がある．この例題の式 (1.63) の $y_1(x)$, $y_2(x)$ をみていただきたい．この無限級数が発散するかどうかは，x の値に依存する．一般に，べき級数 $\sum_{n=0}^{\infty} b_n x^n$ が $x=0$ 以外のある x において収束したとしよう．このとき，以下の①か②のいずれかが成立する．①すべての x において収束するか，②ある正の値 R が存在して $|x|<R$ なら収束し，$|x|>R$ なら発散する．このような R はべき級数の収束半径として知られている．R を求めるための簡便な方法としてダランベールの判定法が知られている．

[ダランベールの判定法]

$$\lim_{n\to\infty}\left|\frac{b_n}{b_{n+1}}\right|$$

が存在したとしよう．この極限値を L とすると，べき級数 $\sum_{n=0}^{\infty} b_n x^n$ は

① $|x|<L$ であるすべての x について収束し，
② $|x|>L$ であるすべての x について発散し，
③ $|x|=L$ であるすべての x に対しては収束するか，発散するかは何もいえない．

この判定法を上記の例題に適用してみる．式 (1.63) の第1式で，$b_p=1/\{(2p-1)(2p-3)\cdots 1\}$ なので

$$\frac{b_p}{b_{p+1}}=\frac{(2p+1)(2p-1)\cdots 1}{(2p-1)(2p-3)\cdots 1}=2p+1$$

なので

$$\lim_{p\to\infty}\frac{b_p}{b_{p+1}}=+\infty$$

である．よって，収束半径は無限大となる．同様に式 (1.63) の第2式のべき級数の収束半径も無限大であることが確かめられる．

1.5 定係数線形高階常微分方程式

本節では以下の高階常微分方程式を解く方法について論じる．

$$\left(\frac{d}{dx}\right)^n y(x) + \sum_{j=0}^{n-1} a_j \left(\frac{d}{dx}\right)^j y(x) = f(x) \tag{1.65}$$

$f(x)$ が恒等的に 0 なら斉次方程式,そうでなければ非斉次方程式である.

1.5.1 斉次方程式

1.3 節と同様に以下の特性方程式 $P(\lambda)=0$ を考える.
$$P(\lambda)=\lambda^n+\sum_{j=0}^{n-1}a_j\lambda^j=0 \tag{1.66}$$
以下の場合に分けて考えよう.
  (1) $P(\lambda)=0$ の解がすべて単根である.
  (2) $P(\lambda)=0$ の解が重複解をもつ.

(1) の場合

$\lambda=\lambda_0$ を $P(\lambda)=0$ の 1 つの解とする.
$$w(x)=e^{\lambda_0 x} \tag{1.67}$$
とすると,$w(x)$ は式 (1.65) の解である.よって,
$$u(x)=\sum_{k=1}^{n}b_k w_k(x)=\sum_{k=1}^{n}b_k e^{\lambda_k x} \tag{1.68}$$
も式 (1.65) の解である.

例題 1.13
$$y'''-7y''+14y'-8y=0 \tag{1.69}$$
を次の初期条件の下で解こう.
$$y(0)=3, \quad y'(0)=7, \quad y''(0)=21 \tag{1.70}$$
$$P(\lambda)=\lambda^3-7\lambda^2+14\lambda-8=0$$
を解くと,$\lambda=1, 2, 4$ を得る.よって,一般解は $u(x)=b_1 e^x+b_2 e^{2x}+b_3 e^{4x}$ となる.初期条件式 (1.70) にこれを代入すると,
$$\begin{bmatrix} 1 & 1 & 1 \\ 1 & 2 & 4 \\ 1 & 4 & 16 \end{bmatrix} \begin{bmatrix} b_1 \\ b_2 \\ b_3 \end{bmatrix} = \begin{bmatrix} 3 \\ 7 \\ 21 \end{bmatrix}$$
を得る.これを解くと,$b_1=b_2=b_3=1$ である.
よって,式 (1.69), (1.70) の解は
$$u(x)=e^x+e^{2x}+e^{4x} \tag{1.71}$$

である．

(2) の場合

$\lambda = \lambda_0$ を $P(\lambda)=0$ の n_0 重解とする $(1 \leq n_0 \leq n)$．
$$w_p(x) = x^p e^{\lambda_0 x}, \qquad 0 \leq p \leq n_0 - 1 \tag{1.72}$$
は斉次方程式の解となることが確かめられる．したがってその線形加重和
$$w_{n_0}(x) = \sum_{p=0}^{n_0-1} b_p x^p e^{\lambda_0 x} \tag{1.73}$$
も斉次方程式の解となる．$P(\lambda)=0$ の解を $\lambda_1, \lambda_2, \cdots, \lambda_q$ とし，λ_k の多重度を n_k とする．ただし
$$n_1 + n_2 + \cdots + n_q = n$$
を満たす．すると一般解は
$$u(x) = \sum_{k=1}^{q} \sum_{p_k=0}^{n_k-1} b_{k,p_k} w_{k,p_k}(x) = \sum_{k=1}^{q} \sum_{p_k=0}^{n_k-1} b_{k,p_k} x^{p_k} e^{\lambda_k x} \tag{1.74}$$
となる．この表現は複雑であるが，以下の例題で具体例をみよう．

例題 1.14

$$y''' - 5y'' + 8y' - 4y = 0 \tag{1.75}$$
を以下の初期条件の下で解こう．
$$y(0) = \frac{3}{2}, \quad y'(0) = \frac{7}{4}, \quad y''(0) = 1 \tag{1.76}$$
$$P(\lambda) = \lambda^3 - 5\lambda^2 + 8\lambda - 4 = 0$$
を解くと，$\lambda = 1, 2$（重解）である．これより，一般解は
$$u(x) = b_{10} e^x + b_{20} e^{2x} + b_{21} x e^{2x}$$
である．これを式 (1.75) に代入すると，以下の連立方程式を得る．
$$\begin{bmatrix} 1 & 1 & 0 \\ 1 & 2 & 1 \\ 1 & 4 & 4 \end{bmatrix} \begin{bmatrix} b_{10} \\ b_{20} \\ b_{21} \end{bmatrix} = \begin{bmatrix} \dfrac{3}{2} \\ \dfrac{7}{4} \\ 1 \end{bmatrix}$$

これを解くと，

$$b_{10}=0, \quad b_{20}=\frac{3}{2}, \quad b_{21}=-\frac{5}{4}$$

を得る．よって，

$$u(x)=\frac{3}{2}e^{2x}-\frac{5}{4}xe^{2x}$$

が求める解である．

1.5.2 非斉次方程式

基本的な考え方は 1.3.2 項でみた 2 階の非斉次方程式の解法と同じである．ここでは解法の正当性の詳細には触れず，解法の概略を紹介する．式 (1.65) の初期値を

$$y(0)=c_0, \quad \left(\frac{\mathrm{d}}{\mathrm{d}x}\right)^j y(0)=c_j \qquad (j=1,2,\cdots,n-1) \qquad (1.77)$$

とする．まず，式 (1.65) の右辺の $f(x)$ を 0 とおいた斉次方程式の一般解 $v(x)$ を 1.5.1 項の方法により求めておく．次に，以下の非斉次方程式の解 $w(x)$ を求める．

$$\begin{cases} \left(\dfrac{\mathrm{d}}{\mathrm{d}x}\right)^n w(x)+\sum_{j=0}^{n-1} a_j \left(\dfrac{\mathrm{d}}{\mathrm{d}x}\right)^j w(x)=f(x) \\ \left(\dfrac{\mathrm{d}}{\mathrm{d}x}\right)^k w(0)=0, \quad 0\leq k\leq n-1 \end{cases} \qquad (1.78)$$

$w(x)$ を求めるために，次の斉次方程式を解く．

$$\begin{cases} \left(\dfrac{\mathrm{d}}{\mathrm{d}x}\right)^n g(x)+\sum_{j=0}^{n-1} a_j \left(\dfrac{\mathrm{d}}{\mathrm{d}x}\right)^j g(x)=0 \\ \left(\dfrac{\mathrm{d}}{\mathrm{d}x}\right)^k g(0)=0, \quad 0\leq k\leq n-2 \\ \left(\dfrac{\mathrm{d}}{\mathrm{d}x}\right)^{n-1} g(0)=1 \end{cases} \qquad (1.79)$$

この方程式の解を $g(x)$ とする．そして，

$$w(x)=\int_0^x g(x-t)f(t)\,\mathrm{d}t \qquad (1.80)$$

とすると，

$$w(x)+v(x) \qquad (1.81)$$

が求める一般解となる．

例題 1.15

$$u''' - 5u'' + 8u' - 4u = x$$
$$u(0) = 3/2, \quad u'(0) = 7/4, \quad u''(0) = 1$$

斉次方程式の解 $v(x)$ は例題 1.14 でみたように,

$$v(x) = \frac{3}{2}e^{2x} - \frac{5}{4}xe^{2x}$$

非斉次方程式の解 $w(x)$ を求めるために,まず次の方程式の解 $g(x)$ を求める.

$$\begin{cases} g''' - 5g'' + 8g' - 4g = 0 \\ g(0) = 0, \quad g'(0) = 0, \quad g''(0) = 1 \end{cases}$$

1.5.1 項で述べた方法と同様の方法により,

$$g(x) = e^x - e^{2x} + xe^{2x}$$

が得られる.ゆえに,

$$w(x) = \int_0^x g(x-t)\,t\,\mathrm{d}t = \int_0^x (e^{(x-t)} - e^{2(x-t)} + (x-t)e^{2(x-t)})\,t\,\mathrm{d}t$$

これより,計算を行うと

$$w(x) = e^x - \frac{1}{2}e^{2x} + \frac{1}{4}xe^{2x} - \frac{1}{4}x - \frac{1}{2}$$

したがって,

$$u(x) = e^x + e^{2x} - xe^{2x} - \frac{1}{4}x - \frac{1}{2}$$

を得る.

1.6 連立1階微分方程式

一般的には,連立1階微分方程式は次のように書ける.

$$\begin{cases} \dfrac{\mathrm{d}}{\mathrm{d}x} y_j(x) = \sum_{k=1}^n a_{jk} y_k(x) + f_j(x), \quad 1 \le j \le n \\ y_j(0) = c_j, \quad 1 \le j \le n \end{cases} \quad (1.82)$$

これを行列とベクトルを用いて表記すると次のようになる.まず,

1.6 連立1階微分方程式

$$\boldsymbol{y}(x) = \begin{bmatrix} y_1(x) \\ \vdots \\ y_n(x) \end{bmatrix}, \quad \boldsymbol{f}(x) = \begin{bmatrix} f_1(x) \\ \vdots \\ f_n(x) \end{bmatrix}, \quad \boldsymbol{C} = \begin{bmatrix} c_1 \\ \vdots \\ c_n \end{bmatrix}, \quad A = [a_{jk}] : n \times n \text{ 行列}$$

とおく. すると,

$$\begin{cases} \dfrac{\mathrm{d}}{\mathrm{d}x}\boldsymbol{y}(x) = A(x)\boldsymbol{y}(x) + \boldsymbol{f}(x) \\ \boldsymbol{y}(0) = \boldsymbol{C} \end{cases} \tag{1.83}$$

のように書ける. この方程式は, 正確には定係数連立1階常微分方程式というべきであろうが, 以下では簡単に連立1階微分方程式と記す. これまで学んだ高階微分方程式や連立高階微分方程式も, すべて上式 (1.83) の形に書ける. 高階微分方程式 (1.65) が式 (1.83) の形に表せることをみよう.

$$\begin{cases} y_0(x) = y(x) \\ y_1(x) = \dfrac{\mathrm{d}}{\mathrm{d}x} y(x) \\ y_{n-1}(x) = \left(\dfrac{\mathrm{d}}{\mathrm{d}x}\right)^{n-1} y(x) \end{cases} \tag{1.84}$$

とし, 以下のようにベクトル $\boldsymbol{y}(x)$, $\boldsymbol{f}(x)$, 行列 A を定める.

$$\boldsymbol{y}(x) \equiv \begin{bmatrix} y_0(x) \\ y_1(x) \\ \vdots \\ y_{n-1}(x) \end{bmatrix} : n \text{ 次元ベクトル} \tag{1.85}$$

$$A \equiv \begin{bmatrix} 0 & 1 & 0 & \cdots & 0 \\ \vdots & \ddots & \ddots & & \vdots \\ -a_0 & -a_1 & \cdots & \cdots & -a_{n-1} \end{bmatrix} \tag{1.86}$$

$$\boldsymbol{f}(x) \equiv \begin{bmatrix} 0 \\ \vdots \\ 0 \\ f(x) \end{bmatrix} \tag{1.87}$$

すると, 確かに式 (1.65) が式 (1.83) の形に表せることが確認できる.

1.6.1 行列指数関数

式 (1.83) の解を形式的に $u(x)=e^{Ax}C$ と書こう．e^{Ax} は**行列指数関数** (matrix exponential) と呼ばれる．e^{Ax} は次のように定義される．

$$A^0=I, \quad A^r=\overbrace{A\cdot A\cdots A}^{r} \ ; \ n\times n \text{ 行列} \tag{1.88}$$

$$G_p(x)=\sum_{r=0}^{p}\frac{x^r}{r!}A^r \ ; \ n\times n \text{ 行列}: V^n \to V^n \text{ への線形変換} \tag{1.89}$$

とし，

$$\lim_{p\to\infty}G_p(x)$$

によって行列指数関数 e^{Ax} を定義する．数学的には，$p \to \infty$ の極限をとる操作については注意を払う必要がある．というのは，この極限が存在するのか，つまり x を任意の値としたときに $\lim_{p\to\infty}G_p(x)$ が収束するのかという点である．詳細は省略するが，この点は数学的に保証されているので，

$$G(x) \equiv \lim_{p\to\infty}G_p(x) \tag{1.90}$$

が定義でき，

$$G(x)=e^{Ax} \tag{1.91}$$

と書くことにする．e^{Ax} は通常の $n\times n$ の正方行列である．e^{Ax} がどのような行列になるのかということは後ほど説明するので，とりあえずその点は気にする必要はない．$G(x): V^n \to V^n$ への線形変換行列指数関数には次のような性質がある．

$$\text{①} AB=BA \Rightarrow e^{Ax}e^{Bx}=e^{(A+B)x}=e^{Bx}e^{Ax} \tag{1.92}$$

$$\text{②} \frac{d}{dx}e^{Ax}=Ae^{Ax} \tag{1.93}$$

さて，以上の準備から，$u(x)=e^{Ax}C$ が連立微分方程式 (1.83) の解となることが以下のように示される．

$$y(x)=e^{Ax}C+\int_0^x e^{A(x-t)}f(t)dt \tag{1.94}$$

これを微分すると，

$$\frac{d}{dx}y(x)=Ae^{Ax}C+\int_0^x Ae^{A(x-t)}f(t)dt+e^{A(x-x)}f(x) \quad (\text{式}(1.92) \text{ より})$$

$$= A\left\{e^{Ax}C + \int_0^x Ae^{A(x-t)}f(t)\mathrm{d}t\right\} + f(x)$$
$$= Ay(x) + f(x)$$
となる．また，
$$y(0) = e^{A(0-0)}C + 0 = C$$
よって，式 (1.94) は式 (1.83) の解となる．

1.6.2　解 (1.94) の具体的表現

行列指数関数を用いて形式的に式 (1.83) を解くことができたが，具体的には解がどのような関数形になるのかこれまで触れなかった．ここではその具体的な解の表現の求め方について述べる．

行列 A の異なる固有値を $\lambda_1, \lambda_2, \cdots, \lambda_p$ とし，λ_j に対応する固有空間を F_j，$1 \leq j \leq p$ と書く．λ_j が A の固有値とは $Av_j = \lambda_j v_j$ を満たす非零ベクトル v_j が存在するような値 λ_j のことで，このようなベクトル v_j を λ_j に対する固有ベクトルという．固有空間 F_j とは λ_j に対する固有ベクトル全体の集合である．F_j の空間の次元は固有値 λ_j の重複度と一致する．また，n 次元ベクトル空間全体 V^n は
$$V^n = F_1 \oplus F_2 \oplus \cdots \oplus F_p$$
のように固有空間の直和で表現できる．つまり，固有ベクトルだけで V^n の基底を作ることができる．

さて，
$$\varDelta = (A - \lambda_1 I)(A - \lambda_2 I) \cdots (A - \lambda_p I) \tag{1.95}$$
という行列積を考える．この行列が零行列（各要素が 0 の行列）かそうでないかによって，解の表現の方法が異なる．

(1) $\varDelta = 0$ の場合
(2) $\varDelta \neq 0$ の場合

(1) の場合

v_j を λ_j に対する固有ベクトルとすると，その定義から
$$(A - \lambda_j I)v_j = 0 \tag{1.96}$$

が成り立つ. すると,

$$e^{Ax}\bm{v}_j = e^{\lambda_j Ix} \cdot e^{(A-\lambda_j I)x} \bm{v}_j \quad \text{(行列指数関数の性質①より)} \quad (1.97)$$

$$= e^{\lambda_j Ix} \cdot \sum_{r=0}^{\infty} \frac{x^r}{r!}(A-\lambda_j I)^r \bm{v}_j \quad \text{(行列指数関数の定義より)} \quad (1.98)$$

である. 式 (1.96) より $r \geq 1$ に対して $(A-\lambda_j I)^r \bm{v}_j = 0$ なので, 式 (1.98) は

$$e^{\lambda_j Ix} \frac{x^0}{0!} \bm{v}_j = \sum_{r=0}^{\infty} \frac{x^r}{r!}(\lambda_j I)^r \bm{v}_j$$

$$= \sum_{r=0}^{\infty} \frac{x^r}{r!} \lambda_j^r \bm{v}_j = e^{\lambda_j x} \bm{v}_j \quad (1.99)$$

となる.

λ_j の重複度を n_j とし, F_j の基底ベクトルを

$$\{\bm{e}_{j1}, \bm{e}_{j2}, \cdots, \bm{e}_{j,n_j}\}, \quad 1 \leq j \leq p$$

とすると,

$$\{\bm{e}_{11}, \cdots, \bm{e}_{1,n_1}, \bm{e}_{21}, \cdots, \bm{e}_{p1}, \cdots, \bm{e}_{p,n_p}\}$$

は V^n の基底となる. すると, $\forall \bm{v} \in V^n$ に対して,

$$\bm{v} = \sum_{j=1}^{p} \sum_{k_j=1}^{n_j} v_{j,k_j} \bm{e}_{j,k_j}$$

と書ける. ここで v_{j,k_j} は定数である. ゆえに

$$e^{Ax}\bm{v} = \sum_{j=1}^{p} \sum_{k_j=1}^{n_j} v_{j,k_j} e^{Ax} \bm{e}_{j,k_j}$$

$$= \sum_{j=1}^{p} e^{\lambda_j x} \left\{ \sum_{k_j=1}^{n_j} v_{j,k_j} \bm{e}_{j,k_j} \right\} \quad \text{(式 (1.99) を使う)}$$

と表現できる. 複雑な式になったが, 肝心な点は任意のベクトル $\bm{v}$ が与えられたとき, $\bm{v}$ を

$$\sum_{j=1}^{p} \left\{ \sum_{k_j=1}^{n_j} v_{j,k_j} \bm{e}_{j,k_j} \right\}$$

という形で表現できたら (基底表現), その係数 v_{j,k_j} を用いて $e^{Ax}\bm{v}$ の表現が可能となる. つまり,

$$P_j \bm{v} = \sum_{k_j=1}^{n_j} v_{j,k_j} \bm{e}_{j,k_j}$$

とすると,

1.6 連立1階微分方程式

$$e^{Ax}\boldsymbol{v} = \sum_{j=1}^{p} e^{\lambda_j x} P_j \boldsymbol{v}$$

と書けるので，行列 P_j が求まれば $e^{Ax}\boldsymbol{v}$ の表現が得られる．行列 P_j は射影行列と呼ばれる．P_j は任意のベクトル $\boldsymbol{v}$ を固有空間 F_j に属するベクトル $\boldsymbol{v}_j$ に射影する．したがって，$\boldsymbol{v} = \sum_{j=1}^{p} \boldsymbol{v}_j$ となる．以下に，P_j の求め方を述べる．

[P_j の求め方]

$$P(\lambda) = (\lambda - \lambda_1)(\lambda - \lambda_2) \cdots (\lambda - \lambda_p) = \prod_{j=1}^{p} (\lambda - \lambda_j)$$

として，

$P(\lambda)$ の逆数をとって以下のように部分分数展開を行う．

$$\frac{1}{P(\lambda)} = \frac{1}{\prod_{j=1}^{p}(\lambda - \lambda_j)} = \sum_{j=1}^{p} \frac{\alpha_j}{\lambda - \lambda_j} \;;\; 部分分数展開$$

分母が $\lambda - \lambda_j$ の分子の係数が α_j である．

$$P_j(\lambda) = \alpha_j(\lambda - \lambda_1) \cdots (\lambda - \lambda_{j-1})(\lambda - \lambda_{j+1}) \cdots (\lambda - \lambda_p)$$

とすると，これは λ に関する多項式である．この多項式の λ を行列 A に置き換えて，定数 λ_j を単位行列 I の λ_j 倍の $\lambda_j I$ に置き換えた以下の行列多項式 $P_j(A)$ を定める．

$$P_j(A) = \alpha_j(A - \lambda_1 I) \cdots (A - \lambda_{j-1}I)(A - \lambda_{j+1}I) \cdots (A - \lambda_p I)$$

このとき，$P_j(A)$ が求める射影行列 P_j となる．以下例題をみていこう．

例題 1.16

$$\begin{cases} \dfrac{d}{dx}y_1(x) = y_1(x) + 2y_2(x) + y_3(x) + f_1(x) \\ \dfrac{d}{dx}y_2(x) = -y_1(x) + 4y_2(x) + y_3(x) + f_2(x) \\ \dfrac{d}{dx}y_3(x) = 2y_1(x) - 4y_2(x) + f_3(x) \end{cases}$$

$$y_1(0) = c_1, \quad y_2(0) = c_2, \quad y_3(0) = c_3$$

$$\begin{cases} \dfrac{d}{dx}\boldsymbol{y}(x) = A(x)\boldsymbol{y}(x) \\ \boldsymbol{y}(x_0) = \boldsymbol{C} \end{cases}$$

の形に直すと，

$$\boldsymbol{y}(x) = \begin{bmatrix} y_1(x) \\ y_2(x) \\ y_3(x) \end{bmatrix}, \quad \boldsymbol{f}(x) = \begin{bmatrix} f_1(x) \\ f_2(x) \\ f_3(x) \end{bmatrix}, \quad \boldsymbol{C} = \begin{bmatrix} c_1 \\ c_2 \\ c_3 \end{bmatrix}, \quad A = \begin{bmatrix} 1 & 2 & 1 \\ -1 & 4 & 1 \\ 2 & -4 & 0 \end{bmatrix}$$

A の固有値は

$$\det(A - \lambda I) = \begin{vmatrix} 1-\lambda & 2 & 1 \\ -1 & 4-\lambda & 1 \\ 2 & -4 & -\lambda \end{vmatrix} = (1-\lambda)(2-\lambda)^2 = 0$$

$\lambda = 1, 2$ (重解) である.

$$(A-I)(A-2I) = \begin{bmatrix} 0 & 2 & 1 \\ -1 & 3 & 1 \\ 2 & -4 & -1 \end{bmatrix} \begin{bmatrix} -1 & 2 & 1 \\ -1 & 2 & 1 \\ 2 & -4 & -2 \end{bmatrix} = \begin{bmatrix} 0 & 0 & 0 \\ 0 & 0 & 0 \\ 0 & 0 & 0 \end{bmatrix}$$

であるので, $\varDelta = 0$. 次に, $\lambda = 1, 2$ に対応する射影行列 P_1, P_2 を求める.

$$\frac{1}{(\lambda-1)(\lambda-2)} = \frac{1}{\lambda-2} - \frac{1}{\lambda-1}$$

より,

$$P_1 = -(A-2I) = 2I - A = \begin{bmatrix} 1 & -2 & -1 \\ 1 & -2 & -1 \\ -2 & 4 & 2 \end{bmatrix}$$

$$P_2 = A - I = \begin{bmatrix} 0 & 2 & 1 \\ -1 & 3 & 1 \\ 2 & -4 & -1 \end{bmatrix}$$

となる. これより,

$$P_1 \boldsymbol{C} = \begin{bmatrix} 1 & -2 & -1 \\ 1 & -2 & -1 \\ -2 & 4 & 2 \end{bmatrix} \begin{bmatrix} c_1 \\ c_2 \\ c_3 \end{bmatrix} = \begin{bmatrix} c_1 - 2c_2 - c_3 \\ c_1 - 2c_2 - c_3 \\ -2c_1 + 4c_2 + 2c_3 \end{bmatrix}$$

$$P_2 \boldsymbol{C} = \begin{bmatrix} 0 & 2 & 1 \\ -1 & 3 & 1 \\ 2 & -4 & -1 \end{bmatrix} \begin{bmatrix} c_1 \\ c_2 \\ c_3 \end{bmatrix} = \begin{bmatrix} 2c_2 + c_3 \\ -c_1 + 3c_2 + c_3 \\ 2c_1 - 4c_2 - c_3 \end{bmatrix}$$

1.6 連立1階微分方程式

$$P_1 \boldsymbol{f}(t) = \begin{bmatrix} f_1(t) & -2f_2(t) & -f_3(t) \\ f_1(t) & -2f_2(t) & -f_3(t) \\ -2f_1(t) & +4f_2(t) & +2f_3(t) \end{bmatrix}$$

$$P_2 \boldsymbol{f}(t) = \begin{bmatrix} & 2f_2(t) & +f_3(t) \\ -f_1(t) & +3f_2(t) & +f_3(t) \\ 2f_1(t) & -4f_2(t) & -f_3(t) \end{bmatrix}$$

ゆえに,

$$\boldsymbol{y}(x) = e^x P_1 \boldsymbol{C} + e^{2x} P_2 \boldsymbol{C} + \int_0^x [e^{(x-t)} P_1 \boldsymbol{f}(t) + e^{2(x-t)} P_2 \boldsymbol{f}(t)] \mathrm{d}t$$

(2) の場合（$\varDelta \neq 0$ の場合）

$$P(\lambda) = \det(\lambda I - A) = (\lambda - \lambda_1)^{n_1} (\lambda - \lambda_2)^{n_2} \cdots (\lambda - \lambda_q)^{n_q}$$

とする．ここで λ_j は A の重複度 n_j の固有値である．(1) $\varDelta = 0$ の場合と同様に射影行列 P_j の作り方を説明する．

[$P_j(A)$ の作り方]

$P(\lambda)$ の逆数を部分分数展開し，

$$\frac{1}{P(\lambda)} = \sum_{j=1}^q \frac{P_j(\lambda)}{(\lambda - \lambda_j)^{n_j}}$$

とする．ここで, $P_j(\lambda)$ は λ に関して $(n_j - 1)$ 次の多項式である．

すると, $P_j(A)$ が求める射影行列である．任意の $\boldsymbol{v} \in F_j$ に対して

$$e^{Ax} \boldsymbol{v} = \sum_{r=0}^{n_j - 1} \frac{x^r}{r!} (A - \lambda_j I)^r \boldsymbol{v}$$

となるので, 式 (1.83) の解は以下のようになる．

$$\begin{aligned}
\boldsymbol{y}(x) &= e^{Ax} \boldsymbol{C} + \int_0^x e^{A(x-t)} \boldsymbol{f}(t) \mathrm{d}t \\
&= \sum_{j=1}^q e^{\lambda_j x} \left[\sum_{r=0}^{n_j-1} \frac{x^r}{r!} (A - \lambda_j I)^r P_j(A) \boldsymbol{C} \right] \\
&\quad + \sum_{j=1}^q \int_0^x e^{\lambda_j (x-t)} \left[\sum_{r=0}^{n_j-1} \frac{(x-t)^r}{r!} (A - \lambda_j I)^r P_j(A) \boldsymbol{f}(t) \right] \mathrm{d}t
\end{aligned}$$

例題 1.17

$$\begin{cases} \dfrac{d}{dx}y_1(x) = \phantom{y_2(x)+{}}y_3(x)+x \\ \dfrac{d}{dx}y_2(x) = \phantom{{}}y_2(x)+y_3(x)+x \\ \dfrac{d}{dx}y_3(x) = y_1(x) \phantom{{}+y_3(x)}+x \end{cases}$$

$$y_1(0)=1,\quad y_2(0)=1,\quad y_3(0)=1$$

$$\begin{cases} \dfrac{d}{dx}\boldsymbol{y}(x) = A(x)\,\boldsymbol{y}(x) \\ \boldsymbol{y}(x_0) = \boldsymbol{C} \end{cases}$$

の形に直すと，

$$\boldsymbol{y}(x) = \begin{bmatrix} y_1(x) \\ y_2(x) \\ y_3(x) \end{bmatrix},\quad \boldsymbol{f}(x) = \begin{bmatrix} x \\ x \\ x \end{bmatrix},\quad \boldsymbol{C} = \begin{bmatrix} 1 \\ 1 \\ 1 \end{bmatrix},\quad A = \begin{bmatrix} 0 & 0 & 1 \\ 0 & 1 & 1 \\ 1 & 0 & 0 \end{bmatrix}$$

(a) A の固有値は

$$\det(\lambda I - A) = \begin{vmatrix} \lambda & 0 & -1 \\ 0 & \lambda-1 & -1 \\ -1 & 0 & \lambda \end{vmatrix} = (\lambda-1)^2(\lambda+1) = 0$$

の方程式を解くと $\lambda = -1,\ 1$（重解）となる．

(b)

$$(A-I)(A+I) = \begin{bmatrix} -1 & 0 & 1 \\ 0 & 0 & 1 \\ 1 & 0 & -1 \end{bmatrix}\begin{bmatrix} 1 & 0 & 1 \\ 0 & 2 & 1 \\ 1 & 0 & 1 \end{bmatrix} = \begin{bmatrix} 0 & 0 & 0 \\ 1 & 0 & 1 \\ 0 & 0 & 0 \end{bmatrix}$$

なので，$\varDelta \neq 0$ である．

(c) 射影行列 P_j を次に求める．$P(\lambda)$ を部分分数展開すると

$$\frac{1}{P(\lambda)} = \frac{1}{(\lambda-1)^2(\lambda+1)} = \frac{a\lambda+b}{(\lambda-1)^2} + \frac{c}{\lambda+1}$$

となり，これより，

$$a = \frac{1}{4},\quad b = \frac{3}{4},\quad c = \frac{1}{4}$$

1.6 連立1階微分方程式

によって，

$$P_1(A) = -\frac{1}{4}(A-3I)(A+I) = -\frac{1}{4}\begin{bmatrix} -2 & 0 & -2 \\ 1 & -4 & -1 \\ -2 & 0 & -2 \end{bmatrix}$$

$$P_2(A) = \frac{1}{4}(A-I)^2 = \frac{1}{4}\begin{bmatrix} 2 & 0 & -2 \\ 1 & 0 & -1 \\ -2 & 0 & 2 \end{bmatrix}$$

$$P_1(A)\,\boldsymbol{C} = \begin{bmatrix} 1 \\ 1 \\ 1 \end{bmatrix}, \qquad P_2(A)\,\boldsymbol{C} = \begin{bmatrix} 0 \\ 0 \\ 0 \end{bmatrix}$$

$$P_1(A)\,\boldsymbol{f}(t) = \begin{bmatrix} t \\ t \\ t \end{bmatrix}, \qquad P_2(A)\,\boldsymbol{f}(t) = \begin{bmatrix} 0 \\ 0 \\ 0 \end{bmatrix}$$

$$(A-I)P_1(A)\,\boldsymbol{C} = \begin{bmatrix} 0 \\ 1 \\ 0 \end{bmatrix}, \qquad (A-I)P_1(A)\,\boldsymbol{f}(t) = \begin{bmatrix} 0 \\ t \\ 0 \end{bmatrix}$$

$$\begin{aligned}\boldsymbol{y}(x) &= e^x\{I + x(A-I)\}P_1(A)\,\boldsymbol{C} \\ &\quad + \int_0^x e^{x-t}[I + (x-t)(A-I)]P_1(A)\,\boldsymbol{f}(t)\,\mathrm{d}t \\ &= e^x\begin{bmatrix} 1 \\ 1 \\ 1 \end{bmatrix} + xe^x\begin{bmatrix} 0 \\ 1 \\ 0 \end{bmatrix} + \int_0^x e^{x-t}\begin{bmatrix} t \\ t \\ t \end{bmatrix}\mathrm{d}t + \int_0^x (x-t)e^{x-t}\begin{bmatrix} 0 \\ t \\ 0 \end{bmatrix}\mathrm{d}t \\ &= \begin{bmatrix} 2e^x - x - 1 \\ 2xe^x + 1 \\ 2e^x - x - 1 \end{bmatrix}\end{aligned}$$

演 習 問 題

1.1 次の斉次型微分方程式を解きなさい．
  (a) $y'' + 2y' + y = 0$, $y(0) = 1$, $y'(0) = 2$
  (b) $y'' - 6y' + 9y = 0$, $y(1) = 1$, $y'(1) = 2$
  (c) $y'' - 4y' + 3y = 0$, $y(0) = 0$, $y'(0) = 5$
  (d) $y'' + 6y' + 10y = 0$, $y(0) = 1$, $y'(0) = 1$
  (e) $y'' - 4y' + 29y = 0$, $y(0) = 1$, $y'(0) = 1$

1.2 次の非斉次型微分方程式を解きなさい．
  (a) $y'' - 2y' + y = x + e^x$, $y(0) = 3$, $y'(0) = 4$
  (b) $y'' + y = \sin^2 x$, $y(0) = 0$, $y'(0) = 0$
  (c) $y'' - y = e^{2x} \cos x$, $y(0) = 1$, $y'(0) = 2$
  (d) $y'' - 4y' + 5y = 6xe^x$, $y(0) = 2$, $y'(0) = 3$

1.3 $y = x$ が
$$y'' - \frac{x+2}{x} y' + \frac{x+2}{x^2} y = 0$$
の解であることを示しなさい．また，それを用いて $x > 0$ での一般解を求めなさい（階級降下法を使う）．

1.4 次のコーシー・オイラーの方程式の一般解を求めなさい．
  (a) $x^2 y'' - 5xy' + 25y = 0$
  (b) $x^2 y'' + 9xy' + y = 0$

1.5 次の微分方程式をべき級数法で解きなさい．
  (a) $y'' - xy' - y = 0$
  (b) $y'' - 2xy' - 4y = 0$

1.6 次の斉次方程式を解きなさい．
  (a) $y''' + 9y' = 0$, $y(0) = 0$, $y'(0) = 0$, $y''(0) = 3$
  (b) $y''' + 7y'' - y' - 7 = 0$, $y(0) = 1$, $y'(0) = 0$, $y''(0) = 1$
  (c) $y''' + 3y'' + 3y' + y = 0$, $y(0) = 1$, $y'(0) = y''(0) = 1$

1.7 次の非斉次方程式を解きなさい．
$$y''' + y'' = 1, \quad y(0) = 1, \quad y'(0) = y''(0) = 1$$

1.8 次の連立微分方程式を解きなさい．
$$\begin{cases} \dfrac{d}{dx} y_1(x) = y_2(x) \\ \dfrac{d}{dx} y_2(x) = y_1(x) \end{cases} \quad y_1(0) = 1, \quad y_2(0) = 1$$

2

フーリエ変換

2.1 フーリエ解析って何？

　フーリエ変換はフーリエ積分ともいわれ，第3章で説明されるラプラス変換とともに，積分変換の代表的な形として知られている．ある種の微分方程式は，この積分変換により代数方程式に変換して解くことができる．このように，微分方程式を解く際の演算子的な役割として使われる以外に，フーリエ変換には大きな特徴がある．それは振動・波動といった物理現象における時間と周波数（振動数）の関係を示す数学的表現形式となっている点である．フーリエ（Fourier，1768-1830）は19世紀の初め熱伝導の研究に没頭し，熱伝導の基礎式として知られる微分方程式を導出するとともに，三角関数による表現でその方程式を解いた．その解析方法が現在のフーリエ解析として知られる方法であり，フーリエ解析が世に出る発端となった研究である．これは歴史的な意味も含めフーリエ解析の理解と応用にとって重要な内容を含んでおり，本章の最後にフーリエ解析の応用例として紹介されている．このように，もともと熱伝導の解析から始まったフーリエ解析は，その内容が波動の物理現象と直接的な対応があることから，波動現象に関連するさまざまな分野で必要不可欠な数学的ツールとして使われてきた．本章ではフーリエ解析全般について，まず実フーリエ級数から入り，それを複素数に拡張した複素フーリエ級数，そして定義域を無限大に拡張することでフーリエ変換となることを説明する[1]．フーリエ解析は地震，構造体の振動，騒音・振動問題，建築音響の諸問題などにおける各種の信号処理にかかわる基礎理論として重要な役割をもつ．また，その際に使われるたたみ込みの原理および相関関数の理論などもあわせて説明する．

本論に入る前に，まずフーリエ変換の応用例を1つ紹介しよう．あるコンサートホールの舞台上1点に音源を設定し，客席の1点で測定したインパルス応答（サンプリング周波数 44.1 kHz）を図 2.1 上段に示す．インパルス応答については 2.6 節，その測定法については 2.8 節の応用例を参照されたい．インパルス応答はこの音源点でデルタ（δ）関数を入力したときの受音点での応答である．では，これが通常の音，例えば"コンニチハ"という音声のときどのような応答になるだろうか．これを表現する方法がたたみ込みであり，現場のインパルス応答と原音（無響室録音がよく利用される）から式（2.45）の演算によって得ることができる．すなわちホールのインパルス応答さえわかっていれば，実際にそのホールに行かなくてもホールのさまざまな種類の音を聞くことができる．計算する際には，実際の信号（アナログ信号）を離散化した数値として表現（デジタル化）し，その数値を式（2.45）あるいは式（2.46）で計算することになる．計算時間が短縮できる利点から，フーリエ変換した式（2.46）が使われる場合が多い．この例はサンプリング周波数 44.1 kHz，すなわち $\Delta t = 1/f_s = 2.27 \times 10^{-5}$ 秒ごとの数値をフーリエ変換して計算したものである．図 2.1 最下段はたたみ込みの結果であり，ホールの時間的な特性（このホールは 500 Hz〜1 kHz の中周波数域で約 1.5 秒の残響時間をもつ）を受けた音声波形として得られる．

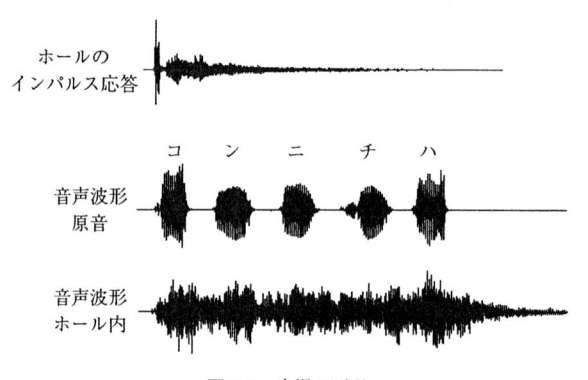

図 2.1 音場の再現

2.2 フーリエ級数

$f(x)$ を区間 $-\pi \leq x \leq \pi$ で定められた任意の関数とする．この $f(x)$ を三角関数の和で近似することを考えよう．近似する関数として次の形を仮定する．

$$S_N(x) = A_0 + A_1 \cos x + A_2 \cos 2x + \cdots + A_N \cos Nx$$
$$+ B_1 \sin x + B_2 \sin 2x + \cdots + B_N \sin Nx \quad (2.1)$$

近似の程度を評価する指標として次の平均2乗誤差 ε をとり，これが最小となるように A_n ($n=0,1,2,3,\cdots$)，B_n ($n=1,2,3,\cdots$) を決定することになる．

$$\varepsilon = \frac{1}{2\pi} \int_{-\pi}^{\pi} [f(x) - S_N(x)]^2 dx \quad (2.2)$$

このとき $[f(x) - S_N(x)]^2$ は各 A_n，B_n を変数として考えたとき，その2次の項に正の係数をもつ2次関数の和となり，各2次関数で必ず極小値が存在する．例えば A_n に関しては適当な α，β，γ を使って次のように表現できる．

$$\varepsilon = \alpha A_n^2 + \beta A_n + \gamma, \quad \alpha > 0, \quad \varepsilon > 0$$

したがって，極小値を与える A_n，B_n は次式から求めることができる．

$$\frac{\partial \varepsilon}{\partial A_n} = 0 \quad (2.3)$$

$$\frac{\partial \varepsilon}{\partial B_n} = 0 \quad (2.4)$$

式 (2.2)，(2.3) から

$$\int_{-\pi}^{\pi} [f(x) - S_N(x)] \cos nx \, dx = 0 \quad (n=0,1,2,3,\cdots) \quad (2.5)$$

となる．また，式 (2.4) から次式が得られる．

$$\int_{-\pi}^{\pi} [f(x) - S_N(x)] \sin nx \, dx = 0 \quad (n=1,2,3,\cdots) \quad (2.6)$$

式 (2.1) を入れて各項別に積分を計算する際，直交条件として知られる次の関係

$$\int_{-\pi}^{\pi} \cos mx \cos nx \, dx = \begin{cases} 0, & m \neq n \\ \pi, & m = n \end{cases} \quad (2.7)$$

$$\int_{-\pi}^{\pi} \sin mx \sin nx \mathrm{d}x = \begin{cases} 0, & m \neq n \\ \pi, & m = n \end{cases} \tag{2.8}$$

を使用することで係数 A_n, B_n を求めることができる. 具体的には $n=0$ のとき式 (2.5) で $n=0$ 以外の積分は 0 となり, 結局

$$A_0 = \frac{1}{2\pi} \int_{-\pi}^{\pi} f(x) \mathrm{d}x \tag{2.9}$$

が得られる. $n \neq 0$ のときも同様に

$$A_n = \frac{1}{\pi} \int_{-\pi}^{\pi} f(x) \cos nx \mathrm{d}x \tag{2.10}$$

となる. 式 (2.6) についても同様にして次式が得られる.

$$B_n = \frac{1}{\pi} \int_{-\pi}^{\pi} f(x) \sin nx \mathrm{d}x \tag{2.11}$$

ここで $N \to \infty$ とすれば, $f(x)$ のフーリエ級数表示が式 (2.1) で与えられ, その係数 A_n, B_n は式 (2.9)-(2.11) で計算することができる. $f(x)$ は区間 $-\pi \leq x \leq \pi$ で定義された関数であるが, 式 (2.1) によるフーリエ級数では周期 2π の周期関数となる点には注意する必要がある. 以上をまとめておこう.

$-\pi \leq x \leq \pi$ で定義された任意の関数 $f(x)$ はフーリエ級数表示で

$$f(x) = A_0 + \sum_{n=1}^{\infty} [A_n \cos nx + B_n \sin nx] \tag{2.12}$$

となる. その係数は

$$A_0 = \frac{1}{2\pi} \int_{-\pi}^{\pi} f(x) \mathrm{d}x \tag{2.13}$$

$$A_n = \frac{1}{\pi} \int_{-\pi}^{\pi} f(x) \cos nx \mathrm{d}x \qquad (n=1,2,3\cdots) \tag{2.14}$$

$$B_n = \frac{1}{\pi} \int_{-\pi}^{\pi} f(x) \sin nx \mathrm{d}x \qquad (n=1,2,3\cdots) \tag{2.15}$$

で与えられる.

次に $x=(\pi/L)X$ とおいて変数変換すれば X の区間は $-L \leq X \leq L$ となり, この区間で定義された関数のフーリエ級数表示を得ることができる. この結果をまとめて示しておこう.

$-L \leq x \leq L$ で定義された任意の関数 $f(x)$ はフーリエ級数表示で

$$f(x) = A_0 + \sum_{n=1}^{\infty} \left[A_n \cos \frac{n\pi}{L} x + B_n \sin \frac{n\pi}{L} x \right] \quad (2.16)$$

となる．その係数は

$$A_0 = \frac{1}{2L} \int_{-L}^{L} f(x) \, dx \quad (2.17)$$

$$A_n = \frac{1}{L} \int_{-L}^{L} f(x) \cos \frac{n\pi}{L} x \, dx \quad (n=1,2,3\cdots) \quad (2.18)$$

$$B_n = \frac{1}{L} \int_{-L}^{L} f(x) \sin \frac{n\pi}{L} x \, dx \quad (n=1,2,3\cdots) \quad (2.19)$$

で与えられる．

ここまでくれば容易にわかるように，関数 $f(x)$ の定義される区間はある程度任意に設定できる．例えば $(x+L)/2 = X$ として変数変換すれば，$0 \leq X \leq L$ に対応するフーリエ級数表示を得ることができる．どのような形になるかは読者におまかせしよう（演習問題2.1参照）．

級数で表示される以上，それが収束するかどうか，またどのように収束するかは大きな問題となる．これについての詳細は数学の専門書に譲るとして，ここでは工学的な応用の立場から要点のみを記述するにとどめる．結論から述べると，定義された区間で関数 $f(x)$ が「区分的になめらか」であれば収束することが知られている．関連して「区分的に連続」とともにまとめておく．関数 $f(x)$ が「区分的に連続」とは区間内で $f(x)$ が有限であり，かつ不連続点があってもそれは有限個であること．また「区分的になめらか」とは区間内で $f(x)$ の1階微分が「区分的に連続」であることとなる．

次に，どのように収束するかについてはギブスの現象として知られる一例を紹介して，それがなぜ起こるかを考えよう．計算例として図2.2に示す方形波

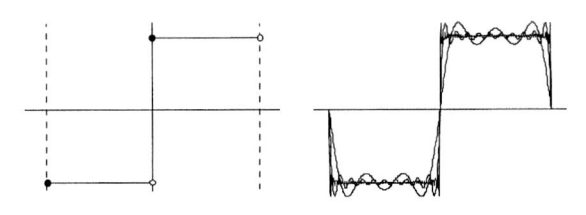

図2.2 方形波に現れるギブスの現象

をとりあげる．この関数は区分的になめらかであり，式 (2.12)-(2.15) に従って計算されたフーリエ級数は次式となる．

$$f(x) = \frac{4}{\pi}\left[\sin x + \frac{1}{3}\sin 3x + \frac{1}{5}\sin 5x + \cdots \frac{1}{(2N-1)}\sin(2N-1)x\right]$$

項数として $N=3, 10, 100$ とした例を同図に示す．不連続点の近くで激しい凹凸が生じ，それは項数とともに幅が狭くなり，高さがある一定値に近づくことがわかる．これがギブスの現象であり，このような区分的になめらかな不連続点を有する関数に現れる．凹凸の高さが一定値でも，幅が 0 に近づくことから平均 2 乗誤差は 0 に収束する．したがって，この現象が現れる原因は平均 2 乗誤差を収束の指標としたことにあり，この条件による収束を「平均収束」という．すべての点で誤差が 0 に収束していくことを「一様収束」という．フーリエ級数は平均収束の意味で与えられることに注意しておこう．

2.3 複素フーリエ級数

式 (2.16)-(2.19) を複素数型に拡張する．ここまでのフーリエ級数ではその展開の基本関数として sin, cos といった三角関数を使用してきた．三角関数は次のオイラーの恒等式

$$e^{ix} = \cos x + i\sin x \tag{2.20}$$

により指数関数と関係付けられる．この共役をとることにより

$$e^{-ix} = \cos x - i\sin x \tag{2.21}$$

となり，両式の和をとることで

$$\cos x = \frac{e^{ix} + e^{-ix}}{2} \tag{2.22}$$

が得られる．まず，式 (2.16) にその係数を表現する式 (2.17)-(2.19) を入れ，さらに式 (2.22) を使って次のように変形していく．

$$f(x) = \frac{1}{2L}\int_{-L}^{L} f(\xi)\,d\xi$$
$$+ \frac{1}{L}\sum_{n=1}^{\infty}\int_{-L}^{L} f(\xi)\left[\cos\frac{n\pi}{L}\xi\cos\frac{n\pi}{L}x + \sin\frac{n\pi}{L}\xi\sin\frac{n\pi}{L}x\right]d\xi$$

$$= \frac{1}{2L}\left[\int_{-L}^{L}f(\xi)\,\mathrm{d}\xi + 2\sum_{n=1}^{\infty}\int_{-L}^{L}f(\xi)\cos\left(\frac{n\pi}{L}(x-\xi)\right)\mathrm{d}\xi\right]$$

$$= \frac{1}{2L}\left[\int_{-L}^{L}f(\xi)\,\mathrm{d}\xi + \sum_{n=1}^{\infty}\int_{-L}^{L}f(\xi)\left(e^{i(n\pi/L)(x-\xi)}+e^{-i(n\pi/L)(x-\xi)}\right)\mathrm{d}\xi\right]$$

$$= \frac{1}{2L}\sum_{n=-\infty}^{\infty}\int_{-L}^{L}f(\xi)\,e^{i(n\pi/L)(x-\xi)}\mathrm{d}\xi$$

$$= \sum_{n=-\infty}^{\infty}\left[\frac{1}{2L}\int_{-L}^{L}f(\xi)\,e^{-i(n\pi/L)\xi}\mathrm{d}\xi\right]e^{i(n\pi/L)x} \tag{2.23}$$

第3番目から第4番目に移る際に次の関係を使っていることに注意されたい．

$$\sum_{n=1}^{\infty}\int_{-L}^{L}f(\xi)\,e^{-i(n\pi/L)(x-\xi)}\mathrm{d}\xi = \sum_{n=-1}^{-\infty}\int_{-L}^{L}f(\xi)\,e^{i(n\pi/L)(x-\xi)}\mathrm{d}\xi$$

式 (2.23) で [ ] 内を C_n とおくことにより，次の複素フーリエ級数表示が得られる．

$-L \leq x \leq L$ で定義された任意の関数 $f(x)$ は，複素フーリエ級数表示で

$$f(x) = \sum_{n=-\infty}^{\infty} C_n e^{i(n\pi/L)x} \tag{2.24}$$

となる．その係数は

$$C_n = \frac{1}{2L}\int_{-L}^{L}f(x)\,e^{-i(n\pi/L)x}\mathrm{d}x \tag{2.25}$$

で与えられる．

　なお，この導出過程から明らかなように，式 (2.24)，(2.25) における指数部の符号 $\pm i$ はこの逆であっても何ら問題はない．

　フーリエ級数は，実数表現であれ複素数表現であれ，その本質はまったく変わらない（演習問題 2.2 参照）．複素数表現のメリットはそのシンプルな構成と，指数関数を基本としていることによる微分・積分の容易さにあるといえる．

2.4　フーリエ変換

　式 (2.24)，(2.25) の複素フーリエ級数で定義された区間 $-L \leq x \leq L$ を無限大 ($L \to \infty$) にもっていくことで，フーリエ積分表示（フーリエ変換）が

得られる．まず，式 (2.24) の係数 C_n に式 (2.25) を代入した形（式 (2.23)）から始める．式中の π/L を $\Delta\alpha$ とおくことで次の形となる．

$$f(x) = \sum_{n=-\infty}^{\infty}\left[\frac{1}{2\pi}\int_{-L}^{L}f(\xi)e^{-in\Delta\alpha\xi}d\xi\right]e^{in\Delta\alpha x}\Delta\alpha \qquad (-L \leq x \leq L)$$
(2.26)

ここで $L \to \infty$ とすれば $\Delta\alpha \to 0$ となり，$\Delta\alpha$ に関する総和は積分に移行して次式となる．

$$f(x) = \int_{-\infty}^{\infty}\left[\frac{1}{2\pi}\int_{-\infty}^{\infty}f(\xi)e^{-i\alpha\xi}d\xi\right]e^{i\alpha x}d\alpha \qquad (-\infty < x < \infty)$$
(2.27)

この [ ] 内は独立した積分として計算できることから，結局次のようにまとめられる．

$-\infty < x < \infty$ で定義された任意の関数 $f(x)$ はフーリエ積分表示で

$$f(x) = \int_{-\infty}^{\infty}F(\alpha)e^{i\alpha x}d\alpha \qquad (2.28)$$

となる．ここに

$$F(\alpha) = \frac{1}{2\pi}\int_{-\infty}^{\infty}f(x)e^{-i\alpha x}dx \qquad (2.29)$$

式 (2.29) を $f(x)$ の**フーリエ変換**（FT：Fourier transform），式 (2.28) を**逆フーリエ変換**，あるいは**フーリエ逆変換**（IFT：inverse Fourier transform）という．この導出過程から明らかなように，積分の前に付く $1/2\pi$ はそのどちらに付いてもよく，また，$1/\sqrt{2\pi}$ が両方に付いてもかまわない．

2.5 時間関数のフーリエ変換

時間によって変化する何らかの関数，例えば振動波形とか音圧波形といった関数ではフーリエ変換の物理的な意味が明確になる．いま，$p(t)$ を時間変数 t の関数（波形）としよう．式 (2.28), (2.29) で $x \to t$，$\alpha \to \omega$ と置き換えてフーリエ変換対を次式で表示する．

$$p(t)=\int_{-\infty}^{\infty}P(\omega)\,e^{i\omega t}\mathrm{d}\omega \tag{2.30}$$

$$P(\omega)=\frac{1}{2\pi}\int_{-\infty}^{\infty}p(t)\,e^{-i\omega t}\mathrm{d}t \tag{2.31}$$

この段階では α を ω に置き換えたのみであり，ω が何を意味するのか明確ではない．式 (2.30) を詳しくみてみよう．被積分関数は $P(\omega)\,e^{i\omega t}=P(\omega)(\cos\omega t+i\sin\omega t)$ であり，時間に関する ω を角周波数とする正弦振動となっている．このことから $P(\omega)$ はその振幅に相当し，結局，式 (2.30) は任意の時間波形が正弦波の集合として表現できることを示している．ω は角周波数の意味をもつことが明らかとなり，周波数（振動数）を f として $\omega=2\pi f$ で変数変換すれば次式となる．

$$p(t)=\int_{-\infty}^{\infty}P(f)\,e^{i2\pi ft}\mathrm{d}f \tag{2.32}$$

$$P(f)=\int_{-\infty}^{\infty}p(t)\,e^{-i2\pi ft}\mathrm{d}t \tag{2.33}$$

これは信号処理の際に使われるフーリエ変換対として，最もよく現れる形である．

　$P(\omega)$，$P(f)$ は一般的に複素数である．その絶対値の2乗，すなわち $|P(\omega)|^2$，$|P(f)|^2$ はその周波数におけるエネルギーの大きさに対応する量であり，**スペクトル** (spectrum) と呼ばれる．詳細は 2.7 節で述べるが，信号 $p(t)$ の性質によってその扱いとスペクトルの性質も異なることに注意する必要がある．

2.6　インパルス応答とたたみ込み

　ここからは主に波形処理を念頭におき，地震波形，音圧波形などの時間関数としての物理量を扱っていく．ある**線形システム** (linear system) に時刻 $t=0$ で次のような単位インパルス $\delta(t)$

$$\delta(t)=\begin{cases}\infty & (t=0)\\ 0 & (t\neq 0)\end{cases} \tag{2.34}$$

$$\int_{-\infty}^{\infty}\delta(t)\mathrm{d}t=1 \tag{2.35}$$

を入力したときの応答がインパルス応答として定義される．これは，例えば室内に音源点と受音点を設定し，音源点から式 (2.34)，(2.35) に相当するパルス性の音を出したときの受音点での音圧波形がインパルス応答となる．

2.6.1 デルタ関数

式 (2.34)，(2.35) の $\delta(t)$ は数学的にはデルタ関数，あるいはディラクのデルタ関数（Dirac delta function）と呼ばれる超関数の一種であり，応用数学上，また工学上，重要な位置を占めている．ここでは以下で必要となる事項のみを簡単に整理しておこう．式 (2.34) で定義されるデルタ関数の具体例として次の3つをあげておく（図 2.3）．

$$\delta(t) = \lim_{\varepsilon \to 0} \phi(t), \qquad \phi(t) = \begin{cases} \dfrac{1}{\varepsilon}, & |t| \leq \dfrac{\varepsilon}{2} \\ 0, & \text{その他} \end{cases} \qquad (2.36)$$

$$\delta(t) = \lim_{\lambda \to \infty} \sqrt{\dfrac{\lambda}{\pi}} e^{-\lambda t^2} \qquad (2.37)$$

$$\delta(t) = \lim_{\lambda \to \infty} \dfrac{\sin \lambda t}{\pi t} \qquad (2.38)$$

これらがいずれも式 (2.34)，(2.35) を満たすことは容易に確認できる．式 (2.37)，(2.38) の有限な λ における関数は，ガウス波形および Sinc 関数として知られる形である．さらに，デルタ関数の最も重要な性質として次式をあげておかなければならない．

$$\int_{-\infty}^{\infty} f(t) \delta(t - t_0) \, dt = f(t_0) \qquad (2.39)$$

ここに $f(t)$ は任意の関数である．この式の証明は次のように考えればよい．

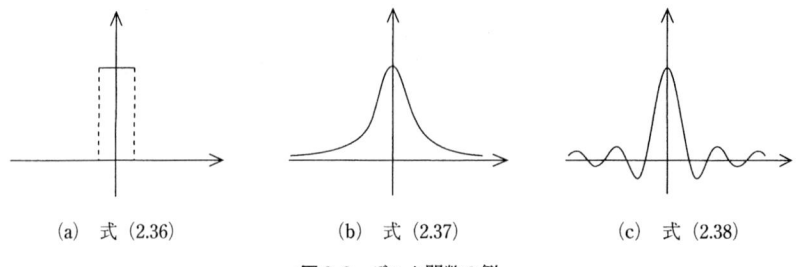

(a) 式 (2.36)　　(b) 式 (2.37)　　(c) 式 (2.38)

図 2.3　デルタ関数の例

いま，デルタ関数として式（2.36）をとる．このとき式（2.39）は次のように計算される．

$$\int_{-\infty}^{\infty} f(t)\delta(t-t_0)\mathrm{d}t = \lim_{\varepsilon \to 0}\int_{t_0-\varepsilon/2}^{t_0+\varepsilon/2} f(t)\frac{1}{\varepsilon}\mathrm{d}t = f(t_0)\lim_{\varepsilon \to 0}\frac{1}{\varepsilon}\int_{t_0-\varepsilon/2}^{t_0+\varepsilon/2}\mathrm{d}t = f(t_0)$$
(2.40)

デルタ関数をフーリエ変換することで，この関数のもつ特異な性質が明らかとなる．デルタ関数の変換形を $\varDelta(\omega)$ としてフーリエ変換すると

$$\varDelta(\omega) = \frac{1}{2\pi}\int_{-\infty}^{\infty}\delta(t)e^{-i\omega t}\mathrm{d}t = \frac{1}{2\pi}$$
(2.41)

式（2.30）より

$$\delta(t) = \frac{1}{2\pi}\int_{-\infty}^{\infty}e^{i\omega t}\mathrm{d}\omega$$
(2.42)

この式は 2.5 節でみたように $\varDelta(\omega)$ が角周波数 ω の正弦波の振幅を表す量であり，その振幅が ω に関係なく一定値をとることを意味している．このことはパルス性の信号が一様に近い周波数特性（スペクトル）をもつという物理的な性質の数学的な根拠を与えている．

2.6.2 たたみ込み

たたみ込み（たたみ込み積分）は，第 3 章のラプラス変換で合成積として定義される積分形式と同様の考え方から成り立っている．線形システムのインパルス応答を $h(t)$ とする．このときの入力は定義により式（2.34），（2.35）である．では，このシステムに任意の時間波形 $s(t)$ が入力されたとき，どのような応答となるだろうか．この応答 $p(t)$ を求める積分形式がたたみ込みである．

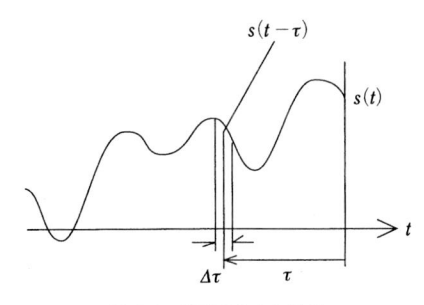

図 2.4　信号のたたみ込み

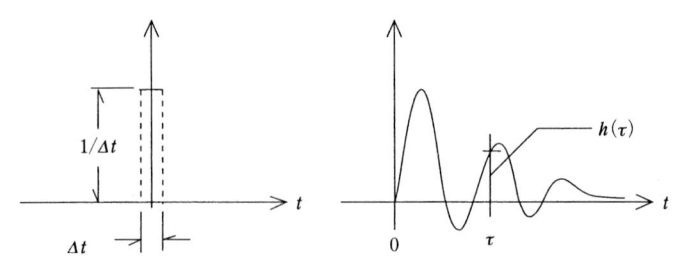

図2.5 デルタ関数入力とその出力

　図2.4に示すように，現在時刻 t から τ 遡った $s(t-\tau)$ の $\Delta\tau$ 幅による時刻 t での応答は，図2.5における $1/\Delta t$ と $h(\tau)$ の対応関係より $h(\tau)s(t-\tau)\Delta\tau$ となる．$s(t)$ 全体による時刻 t での応答 $p(t)$ はこれら要素の t 以前の総和であり，さらに $\Delta\tau \to 0$ とすれば次の積分が成立する．

$$p(t)=\int_0^\infty h(\tau)s(t-\tau)\mathrm{d}\tau=\int_{-\infty}^\infty h(\tau)s(t-\tau)\mathrm{d}\tau \qquad (2.43)$$

変数変換することで

$$p(t)=\int_{-\infty}^t s(\tau)h(t-\tau)\mathrm{d}\tau=\int_{-\infty}^\infty s(\tau)h(t-\tau)\mathrm{d}\tau \qquad (2.44)$$

とも表示できる．いずれもたたみ込みとして知られる演算形式であり，特に式(2.43)の第2番目の形がよく使われ，次のようにも表示される．

$$p(t)=h(t)*s(t) \qquad (2.45)$$

　次に，式(2.45)の両辺をフーリエ変換してみよう．$p(t)$, $h(t)$, $s(t)$ のフーリエ変換をおのおの $P(f)$, $H(f)$, $S(f)$ としたとき

$$\text{左辺}=\int_{-\infty}^\infty p(t)e^{-i2\pi ft}\mathrm{d}t=P(f)$$

$$\text{右辺}=\int_{-\infty}^\infty \left[\int_{-\infty}^\infty h(\tau)s(t-\tau)\mathrm{d}\tau\right]e^{-i2\pi ft}\mathrm{d}t$$

$$=\int_{-\infty}^\infty h(\tau)\left[\int_{-\infty}^\infty s(t-\tau)e^{-i2\pi ft}\mathrm{d}t\right]\mathrm{d}\tau=\int_{-\infty}^\infty h(\tau)e^{-i2\pi f\tau}\mathrm{d}\tau S(f)$$

$$=H(f)S(f)$$

したがって

$$P(f)=H(f)S(f) \qquad (2.46)$$

と表すことができる．図2.6に示すような線形システムの入出力において，式(2.45)が時間領域におけるたたみ込みの演算形式，式(2.46)が周波数領域

2.7 相関関数とスペクトル

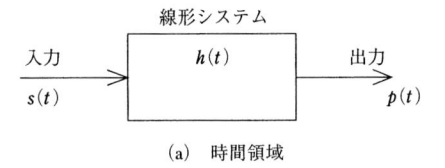

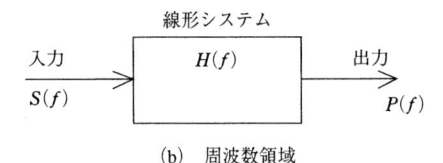

```
          線形システム
      ┌───────────┐
入力  │           │  出力
 ──→  │   h(t)    │  ──→
 s(t) │           │  p(t)
      └───────────┘

      (a) 時間領域

          線形システム
      ┌───────────┐
入力  │           │  出力
 ──→  │   H(f)    │  ──→
 S(f) │           │  P(f)
      └───────────┘

      (b) 周波数領域
```

図 2.6 線形システムの入出力

における形式となる．

2.7 相関関数とスペクトル

2.7.1 自己相関関数

信号 $s_1(t)$ が周期 T の周期関数のとき

$$\phi_{11}(\tau) = \frac{1}{T}\int_{-T/2}^{T/2} s_1(t)\,s_1(t+\tau)\,dt \tag{2.47}$$

信号 $s_1(t)$ が非周期関数（過渡関数）のとき

$$\phi_{11}(\tau) = \int_{-\infty}^{\infty} s_1(t)\,s_1(t+\tau)\,dt \tag{2.48}$$

信号 $s_1(t)$ が不規則関数のとき

$$\phi_{11}(\tau) = \lim_{T\to\infty}\frac{1}{T}\int_{-T/2}^{T/2} s_1(t)\,s_1(t+\tau)\,dt \tag{2.49}$$

このように定義される $\phi_{11}(\tau)$ を信号 $s_1(t)$ の**自己相関関数**（auto-correlation function）という．周期信号と不規則信号の波形とその自己相関関数の例を図 2.7 に示す．式 (2.47) に $s_1(t)$ のフーリエ級数表示（式 (2.24)）を入れれば次式となる．

$$\phi_{11}(\tau) = \frac{1}{T}\int_{-T/2}^{T/2}\Bigl[\sum_{m=-\infty}^{\infty} C_m e^{i(2m\pi/T)t} \sum_{n=-\infty}^{\infty} C_n e^{i(2n\pi/T)(t+\tau)}\Bigr]dt$$

50　　　　　　　　　　　2. フーリエ変換

2kHz 正弦波

周期信号

1オクターブバンドノイズ
中心周波数2kHz

不規則信号

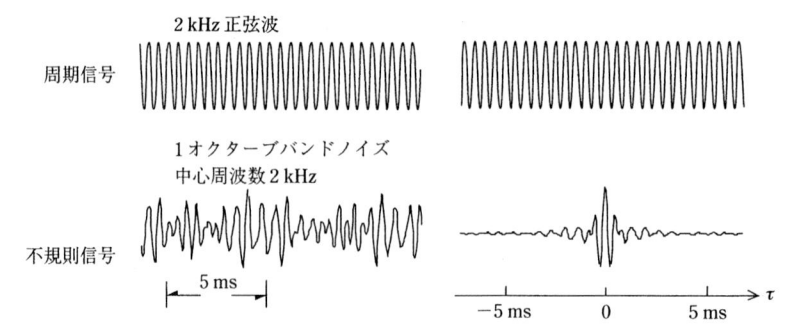

|← 5ms →|

−5 ms　　0　　5 ms　　τ

図 2.7　波形（左）と自己相関関数（右）

$$= \sum_{m=-\infty}^{\infty}\sum_{n=-\infty}^{\infty} C_m C_n e^{i(2n\pi/T)\tau}\delta_{m,-n} = \sum_{n=-\infty}^{\infty} |C_n|^2 e^{i(2n\pi/T)\tau}$$

$$= \sum_{n=-\infty}^{\infty} |C_n|^2 e^{in\omega\tau} \tag{2.50}$$

ここに $\delta_{m,-n}$ は**クロネッカーのデルタ**（Kronecker's delta）と呼ばれ，$m=-n$ のとき 1，それ以外で 0 となる．また $\omega=2\pi/T$ であり，周期関数の基本角周波数となる．したがって $|C_n|^2$ は n 次高調波成分のパワーを表すことになり，周期関数のパワースペクトルと呼ばれる．ここで $\tau=0$ とすれば

$$\frac{1}{T}\int_{-T/2}^{T/2} s_1^2(t)\,dt = \sum_{n=-\infty}^{\infty} |C_n|^2 \tag{2.51}$$

これは周期関数に関する**パーセバルの等式**（Parseval's equation）と呼ばれている．式 (2.50) の $|C_n|^2$ を $\Phi_{11}(n)$ とおけば式 (2.24)，(2.25) の関係より，周期関数における自己相関関数のフーリエ級数表示が次式のように得られる．

$$\phi_{11}(\tau) = \sum_{n=-\infty}^{\infty} \Phi_{11}(n)\, e^{i(2n\pi/T)\tau} \tag{2.52}$$

$$\Phi_{11}(n) = \frac{1}{T}\int_{-T/2}^{T/2} \phi_{11}(\tau)\, e^{-i(2n\pi/T)\tau}\,d\tau \tag{2.53}$$

信号 $s_1(t)$ が非周期関数のときも同様にして，式 (2.30)，(2.31) を使用することで

$$\phi_{11}(\tau) = 2\pi\int_{-\infty}^{\infty} |S_1(\omega)|^2 e^{i\omega\tau}\,d\omega \tag{2.54}$$

を得ることができる．この導出については演習問題 2.5 を参照されたい．ここで $\tau=0$ とすれば

2.7 相関関数とスペクトル

$$\int_{-\infty}^{\infty} s_1^2(t)\,\mathrm{d}t = 2\pi \int_{-\infty}^{\infty} |S_1(\omega)|^2 \mathrm{d}\omega \tag{2.55}$$

これは非周期関数に関するパーセバルの等式と呼ばれている．式 (2.54) の $2\pi|S_1(\omega)|^2$ を $\Phi_{11}(\omega)$ とおけば式 (2.30)，(2.31) の関係より，非周期関数における自己相関関数のフーリエ変換対が次式のように得られる．

$$\phi_{11}(\tau) = \int_{-\infty}^{\infty} \Phi_{11}(\omega)\, e^{i\omega\tau}\mathrm{d}\omega \tag{2.56}$$

$$\Phi_{11}(\omega) = \frac{1}{2\pi}\int_{-\infty}^{\infty} \phi_{11}(\tau)\, e^{-i\omega\tau}\mathrm{d}\tau \tag{2.57}$$

式 (2.55) の左辺は $s_1(t)$ のもつ全エネルギーを表し，この意味から

$$\Phi_{11}(\omega) = 2\pi |S_1(\omega)|^2 \tag{2.58}$$

は単一の角周波数 ω のもつエネルギー成分とみることができ，**エネルギー密度スペクトル** (energy density spectrum)，あるいは単にエネルギースペクトルと呼ばれる．

信号 $s_1(t)$ が**白色雑音** (white noise) のような不規則関数のときは，一つ一つの $s_1(t)$ は確率集合のなかの見本関数となり，不確定な値をもつ．このことから，すべての見本関数に共通する確率集合の特徴を記述する何らかの量が必要となる[2]．ここでは式 (2.54) のように個々の見本関数のフーリエ変換を用いるのではなく，確率集合としての特徴を表す式 (2.49) のフーリエ変換から始める．

$$\phi_{11}(\tau) = \int_{-\infty}^{\infty} \Phi_{11}(\omega)\, e^{i\omega\tau}\mathrm{d}\omega \tag{2.59}$$

$$\Phi_{11}(\omega) = \frac{1}{2\pi}\int_{-\infty}^{\infty} \phi_{11}(\tau)\, e^{-i\omega\tau}\mathrm{d}\tau \tag{2.60}$$

これは形式上，式 (2.56)，(2.57) とまったく同じであるが，$\Phi_{11}(\omega)$ の意味は非周期関数の場合とは異なる．式 (2.49)，(2.59) で $\tau=0$ とおいてみよう．

$$\phi_{11}(0) = \lim_{T\to\infty}\frac{1}{T}\int_{-T/2}^{T/2} s_1^2(t)\,\mathrm{d}t = \int_{-\infty}^{\infty} \Phi_{11}(\omega)\,\mathrm{d}\omega \tag{2.61}$$

第 2 番目の項は $s_1(t)$ の 2 乗平均値を示すものであり，エネルギーではなくパワー（単位時間当たりのエネルギー流）の量となる．このことから $\Phi_{11}(\omega)$ は**パワー密度スペクトル** (power density spectrum)，あるいは単にパワースペクトルと呼ばれる．ここで例にあげた白色雑音は，完全にランダムな信号とし

て次の性質をもつ．

$$\lim_{T \to \infty} \frac{1}{2T} \int_{-T}^{T} s_1(t) s_1(t+\tau) \mathrm{d}t = A\delta(\tau) \tag{2.62}$$

A は $s_1(t)$ の振幅に関連する何らかの定数である．また，このようなランダム信号は時間平均値と集合（アンサンブル）平均値が等しい確率過程とみなされ，これを**エルゴード過程**（ergodic process）という．

ここまでは1つの信号 $s_1(t)$ のみの相関を扱ってきたが，異なった信号 $s_1(t)$, $s_2(t)$ の場合には**相互相関関数**（cross-correlation function）と呼ばれ，エネルギースペクトル，パワースペクトルはそれぞれクロスエネルギースペクトル，クロスパワースペクトル，あるいは単に**クロススペクトル**（cross spectrum）と呼ばれる．

2.8 フーリエ変換と相関関数の応用例

応用例 2.1 熱伝導方程式を解く

この問題はフーリエ解析の起源となる歴史的な意味もあり，フーリエ解析を扱ったテキストのほとんどで紹介されている．そのエッセンスに触れるため，ここでは1次元熱伝導の最も簡単な例を紹介する．

均質な材料内の熱流 q [W/m^2] は，例えば x 方向については次のように表現できる．

$$q = -\lambda \frac{\partial \theta}{\partial x} \tag{2.63}$$

ここに θ, λ は温度 [℃] と熱伝導率 [W/m・K] である．これはフーリエの式と呼ばれ，熱流は温度勾配に比例することを示している．この式と材料内の熱収支である

$$-\frac{\partial q}{\partial x} = \rho c \frac{\partial \theta}{\partial t} \tag{2.64}$$

から，非定常熱伝導の式として知られる次式が得られる．

$$\frac{\partial \theta}{\partial t} = a \frac{\partial^2 \theta}{\partial x^2} \tag{2.65}$$

以上の式中 ρ, c は材料の密度 [kg/m^3] と比熱 [J/kg・K] であり，$a = \lambda/\rho c$

2.8 フーリエ変換と相関関数の応用例

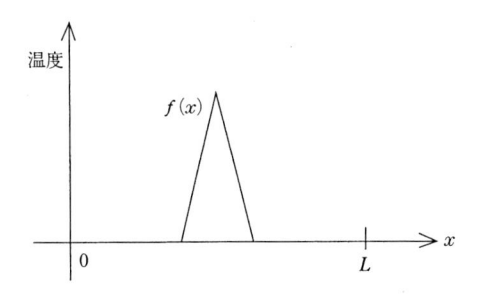

図 2.8 棒の熱伝導（初期温度分布）

$[m^2/s]$ は温度伝導率（熱拡散率）と呼ばれる．

この式を使って棒の熱伝導の問題を解いてみよう．いま，長さ L の棒の両端を $0°C$ に保った状態で，初期条件として図 2.8 に示すような温度分布を与えたとき，この温度分布が時間によってどのように変化していくかを求めてみる．

まず，時間と場所の関数である θ が，次のように分離して表現できると仮定する（変数分離法）．このような仮定から実際に何らかの解が得られたとき，それはこの問題の解であることが保証されている．

$$\theta(x,t) = X(x)Y(t) \qquad (2.66)$$

この式は熱伝導の式（2.65）を満たす必要があり，次式が得られる．

$$X\frac{\partial Y}{\partial t} = aY\frac{\partial^2 X}{\partial x^2} \qquad (2.67)$$

両辺を aXY で割ると $\dot{Y}/aY = X''/X$ となり，時間のみの関数と場所のみの関数が等しいことになる．これを満たす条件は式（2.67）＝定数（κ とおく）となることである．したがって次の 2 式が得られる．

$$X'' - \kappa X = 0 \qquad (2.68)$$
$$\dot{Y} - a\kappa Y = 0 \qquad (2.69)$$

式（2.68）の一般解は未知係数を A, B として $X = Ae^{\sqrt{\kappa}x} + Be^{-\sqrt{\kappa}x}$ であり，境界条件 $X(0) = X(L) = 0$ より $e^{\sqrt{\kappa}L} - e^{-\sqrt{\kappa}L} = 0$ となる．これが成り立つためには $\kappa \leq 0$ が必要となり，$\kappa = -k^2$ とおく．したがって $e^{ikL} - e^{-ikL} = 0$ から $k = n\pi/L, \ n = 1, 2, \cdots$ が得られる．

一方，式（2.69）の一般解は C を未知係数として $Y = Ce^{a\kappa t} = Ce^{-ak^2t}$ であ

り，以上のことから $\theta(x,t)$ は次の形で表示することができる．

$$\theta(x,t)=\sum_{n=1}^{\infty}B_n e^{-a(n\pi/L)^2 t}\sin\frac{n\pi}{L}x \qquad (2.70)$$

ここで，初期条件を考えると

$$\theta(x,0)=\sum_{n=1}^{\infty}B_n \sin\frac{n\pi}{L}x=f(x) \qquad (2.71)$$

対象としている領域は $0\leq x\leq L$ であるが，これを $-L$ まで拡張して $f(x)$ を $-L\leq x\leq L$ の領域で奇関数と考えても何ら差し支えない．このことにより，式 (2.71) は式 (2.16) のフーリエ級数表現そのものであることが容易にわかる．したがって，未知係数 B_n は次の式から計算できる．

$$B_n=\frac{2}{L}\int_0^L f(x)\sin\frac{n\pi}{L}x\,\mathrm{d}x, \qquad n=1,2,\cdots \qquad (2.72)$$

次に，同様の問題で L が無限の長さになった場合を考えてみよう．有限のときにフーリエ級数が使われることから，無限になったときはフーリエ変換が現れるだろうことは容易に想像がつく．

変数分離法により式 (2.68)，(2.69) が得られ，式 (2.69) の一般解は前の問題と同じである．ところが式 (2.68) については，その境界条件が $X(\pm\infty)=0$ であることを考えたとき，前の一般解はこれを満たさない．ここでフーリエ変換が無限の領域に対応していることを思い出して，解を次の形で表現する．

$$X(x)=\int_{-\infty}^{\infty}\chi(\alpha)e^{i\alpha x}\mathrm{d}\alpha \qquad (2.73)$$

当然，式 (2.68) を満たす必要から次式が得られる．

$$\int_{-\infty}^{\infty}(-\alpha^2-\kappa)\chi(\alpha)e^{i\alpha x}\mathrm{d}\alpha=0 \qquad (2.74)$$

このことから $\kappa=-\alpha^2$ となり，式 (2.69) の解も考慮して，結局，次の形が出てくる．

$$\theta(x,t)=\int_{-\infty}^{\infty}\chi(\alpha)e^{-a\alpha^2 t}e^{i\alpha x}\mathrm{d}\alpha \qquad (2.75)$$

ここで初期条件 ($\theta(x,0)=f(x)$) より

$$f(x)=\int_{-\infty}^{\infty}\chi(\alpha)e^{i\alpha x}\mathrm{d}\alpha \qquad (2.76)$$

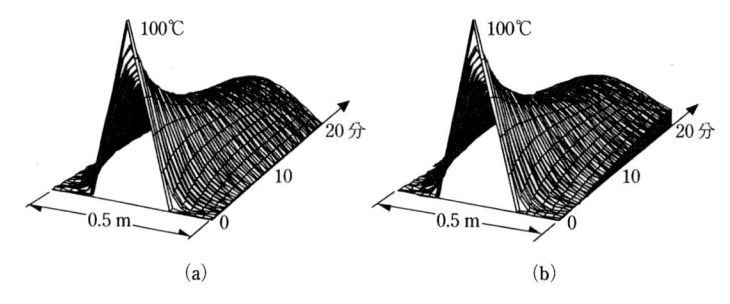

図 2.9 棒の熱伝導

となる．フーリエ変換対の式 (2.28)，(2.29) より，χ は次の式から計算できる．

$$\chi(a) = \frac{1}{2\pi} \int_{-\infty}^{\infty} f(x) e^{-iax} dx \qquad (2.77)$$

以上の計算例として，長さ 50 cm の鉄の棒に図 2.8 に示すような初期温度分布を与えた後の伝導による温度分布の変化を図 2.9 (a) に示す．図 2.9 (b) はその長さを無限長とした場合の結果であり，時間の経過とともに有限の場合とは異なっていく様子をみることができる．

応用例 2.2 梁の曲げ振動方程式を解き，加振点インピーダンスを求める

両端で単純支持された長さ L の梁を考えよう．この梁の 1 点で定常的な振動を加えたとき，その力 q [N] と応答（振動速度 v [m/s]）との比としてインピーダンス Z が次式で定義される．

$$Z = \frac{q}{v} \qquad (2.78)$$

加振位置での応答をとった場合には加振点インピーダンスと呼ばれる．加えた力によってどの程度の振動が生じるかといった振動のしやすさを知る 1 つの目安として使われる．定常的な加振力 q は角振動数を ω，振幅を q_0 として $q = q_0 e^{i\omega t}$ と表せる．このとき梁の曲げ振動方程式は，加振点を x_0 としたとき次式で与えられる．

$$\frac{d^4 w}{dx^4} - k_B^4 w = \frac{q}{EI} \delta(x - x_0), \qquad k_B^4 = \frac{\rho S \omega^2}{EI} \qquad (2.79)$$

w は梁の変位，k_B は梁に生じる曲げ波の波数であり，ρ，S，E，I はそれぞ

れ梁の密度，断面積，ヤング率，断面2次モーメントである．変位 w を次のように表そう．

$$w(x) = \sum_{n=-\infty}^{\infty} W_n \sin\frac{n\pi x}{L} \tag{2.80}$$

応用例2.1と同様にこの例でも，対象としている領域を $-L$ まで拡張して w を $-L \leq x \leq L$ の領域で奇関数と考えても何ら差し支えない．このことにより式 (2.80) は式 (2.16) のフーリエ級数表現そのものであることが容易にわかる．また，式 (2.80) の形は単純支持の境界条件（両端で変位および曲げモーメントが0）を満たしている．加振力の関数も同様に級数表示により

$$q\delta(x-x_0) = \sum_{n=-\infty}^{\infty} Q_n \sin\frac{n\pi x}{L} \tag{2.81}$$

と表現できる．係数 Q_n は式 (2.19) より，デルタ関数の性質である式 (2.39) を利用して次のように計算できる．

$$Q_n = \frac{2}{L}\int_0^L q\delta(x-x_0)\sin\frac{n\pi x}{L}\mathrm{d}x = \frac{2q}{L}\sin\frac{n\pi x_0}{L} \tag{2.82}$$

式 (2.80)，(2.81) を式 (2.79) に入れることで次の式となる．

$$\sum_{n=-\infty}^{\infty}\left[\left\{EI\left(\frac{n\pi}{L}\right)^4 - \rho S\omega^2\right\}W_n - Q_n\right]\sin\frac{n\pi x}{L} = 0 \tag{2.83}$$

任意の x についてこの式が成り立つためには [ ] 内が0とならなければならないことから

$$W_n = Q_n\left\{EI\left(\frac{n\pi}{L}\right)^4 - \rho S\omega^2\right\}^{-1} \tag{2.84}$$

が得られる．式 (2.80) より w が求まり，振動速度 v は時間に関して w を1階微分することにより $v = i\omega w$ で計算できる．

ここでみてきたように，有限な領域で定義されたある種の問題に関してはフーリエ級数による解法が適用できる．フーリエ級数からフーリエ変換に至る過程では領域を無限大に拡張した．では，この問題で領域を無限大にしたらどうなるかをみてみよう．これは無限大に伸びた梁の1点を定常加振したときの応答を求める問題に帰着する．式 (2.80)，(2.81) のフーリエ級数に代わり，フーリエ変換対の形で表現すればよいだろうことは容易に推察できる．すなわち

$$w(x) = \int_{-\infty}^{\infty} W(k)e^{ikx}\mathrm{d}k \tag{2.85}$$

2.8 フーリエ変換と相関関数の応用例

$$q\delta(x-x_0) = \int_{-\infty}^{\infty} Q(k) e^{ikx} dk \tag{2.86}$$

ここに,式 (2.86) は左辺の関数が既知であることからフーリエ変換がそのまま計算できる.

$$Q(k) = \frac{1}{2\pi}\int_{-\infty}^{\infty} q\delta(x-x_0) e^{-ikx} dx = \frac{q}{2\pi} e^{-ikx_0} \tag{2.87}$$

式 (2.85),(2.86) を式 (2.79) に入れれば式 (2.83) から式 (2.84) への過程と同様に,結局,次式が得られる.

$$W(k) = \frac{qe^{-ikx_0}}{2\pi EI(k^4 - k_B^4)} \tag{2.88}$$

式 (2.85) に入れて $w(x)$ は次のように計算できる.

$$\begin{aligned}w(x) &= \frac{q}{2\pi EI}\int_{-\infty}^{\infty}\frac{1}{k^4-k_B^4}e^{ikx}dk \\ &= \begin{cases} \dfrac{-iq}{4k_B^3 EI}(e^{ik_B x}-ie^{k_B x}), & x\leq 0 \\ \dfrac{-iq}{4k_B^3 EI}(e^{-ik_B x}-ie^{-k_B x}), & x\geq 0 \end{cases}\end{aligned} \tag{2.89}$$

計算結果の一例を図 2.10 に示す.普通コンクリートによる,長方形断面(20 cm×40 cm),長さ 5 m($L=5$)の梁の中央を加振したときの加振点インピーダンスを,長さを無限大にしたときとの比較として示してある.

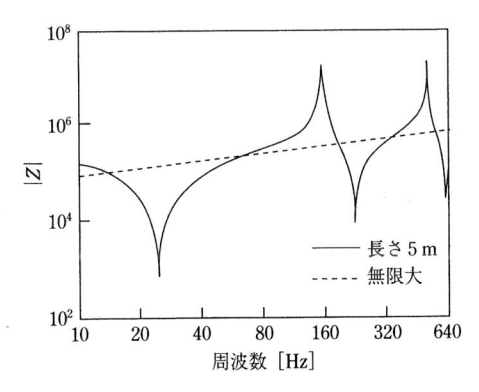

図 2.10 加振点インピーダンス

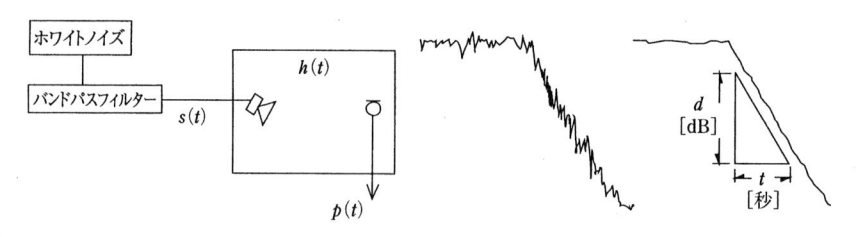

(a) 帯域ノイズによる残響時間の測定　(b) 帯域ノイズによる減衰曲線　(c) インパルス積分法による減衰曲線

図 2.11　残響時間の測定

応用例 2.3　室内音響における残響時間の測定理論

残響時間の定義に従った測定方法を図 2.11 に示す．音源には**帯域ノイズ** (band noise) $s(t)$ が用いられ，この音を室内に供給して定常状態になった後，ある瞬間に停止する．停止後 60 dB 減衰するのに要した時間 [秒] が残響時間として定義されている．このようにランダム信号としてのノイズを使用する関係上，信頼できる結果を得るためには何回かの測定を繰り返し，その平均値をとる必要がある．現在ではこれに代わる測定方法として，2.6 節でみてきたインパルス応答を使用した測定方法が主流となっている[3]．これは実に巧妙な方法であり，ノイズによる方法を無限回繰り返して得られる結果と同等の結果を得ることができる．

図 2.11 において，$t=0$ で信号を停止してから t 秒後の応答 $p(t)$ は式 (2.45) より

$$p(t) = \int_t^\infty h(\tau) s(t-\tau) d\tau \tag{2.90}$$

のように表示できる．残響時間の測定では $p^2(t)$ のアンサンブル平均 $\langle p^2(t) \rangle$ の $t=0$ 以降の減衰曲線を求める必要がある．したがって

$$\langle p^2(t) \rangle = \int_t^\infty \int_t^\infty h(\tau) h(\tau') \langle s(t-\tau) s(t-\tau') \rangle d\tau d\tau' \tag{2.91}$$

ここに，帯域ノイズはエルゴード過程に従う信号とみなすことができて，さらに式 (2.62) を使うことで

$$\langle s(t-\tau) s(t-\tau') \rangle = \overline{s(t-\tau) s(t-\tau')}$$
$$= \lim_{T \to \infty} \frac{1}{2T} \int_{-T}^T s(t-\tau) s(t-\tau') dt = A \delta(\tau-\tau') \tag{2.92}$$

となり

$$\langle p^2(t) \rangle = A \int_t^\infty h^2(\tau) \mathrm{d}\tau \tag{2.93}$$

を得ることができる．これが音源を停止した後室内の音響エネルギーがどのように減衰するかを表す減衰曲線である．室のインパルス応答 $h(t)$ を測定することで，あとはこの式に従った演算をすることにより減衰曲線を得ることができる．さらに，対数をとってレベル表示（単位は dB）すれば，減衰曲線のレベル表示式 $D(t)$ は次のようになる．

$$D(t) = 10 \log_{10} \frac{\langle p^2(t) \rangle}{p_0^2}$$
$$= 10 \log_{10} \frac{A}{p_0^2} + 10 \log_{10} \left[\int_0^\infty h^2(\tau) \mathrm{d}\tau - \int_0^t h^2(\tau) \mathrm{d}\tau \right] \tag{2.94}$$

残響時間はこの減衰曲線の傾きから容易に知ることができる．残響時間測定におけるこの方法は，インパルス積分法として広く使われている．帯域ノイズを使用した方法とともに，インパルス積分法による減衰曲線の一例を図 2.11 に示す．この減衰曲線から残響時間 T は $T = 60\,t/d$ によって算出される．

応用例 2.4 インパルス応答の測定

ある線形システムにデルタ関数を入力したときの出力が，そのシステムのインパルス応答である．しかし実際の測定でこのデルタ関数そのものを実現することは非常に難しく，その代わりとしてたたみ込みの原理と相関関数の性質を応用した次のような方法が考案されている．図 2.12 に示すようにある室内の 1 点に音源を設定し，別の点におかれたマイクロホンで音圧波形を記録する．

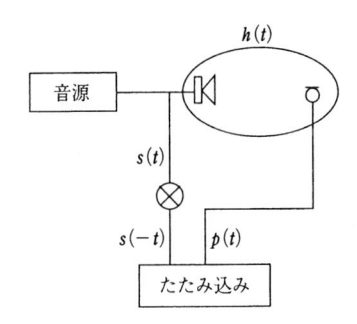

図 2.12 インパルス応答の測定

─ 数 式 の 美 ─

まずは次の式をじっくりとみていただきたい．

$$p(t) = \int_{-\infty}^{\infty} P(f) e^{i2\pi ft} df \qquad \text{(c.1)}$$

$$P(f) = \int_{-\infty}^{\infty} p(t) e^{-i2\pi ft} dt \qquad \text{(c.2)}$$

これはフーリエ変換対として最もよく知られた形であり，このケースでは時間 t と周波数 f の対応関係として表現されている．もちろん他の量（例えば空間と波数など）でもまったくかまわない．

みておわかりのように $p(t)$ と $P(f)$ は完全に同等の立場で，おのおのが他方の成分であるとともに本体そのものでもある．$e^{i2\pi ft}$ は式（2.20）からわかるように基本は sin, cos 関数であり，(c.1) 式は，結局，正弦波（純音）の寄せ集めで任意の時間波形を作り出すことができる．また，逆に任意の周波数成分を取り出すこともできる．

いわゆるシンセサイズ，アナライズの世界であり，これは波動に関連する研究の世界のみならず，現在の通信・放送・音楽業界などさまざまな分野でも必須の技術となっている．フーリエ変換がその理論的な基礎を与えていることが一目瞭然であろう．

物理現象と数式表現がこれほど美しく対応する例がほかにあるだろうか．数式のなかから実態をイメージすることができないと，この美しさを理解することは難しいかもしれない．筆者自身，建築音響の世界に足を踏み入れて振動・波動に関する研究のなかで，フーリエ変換を道具として使いこなす必要に迫られて初めてフーリエ変換が理解でき，この美しさに触れることができたような気がする．そのときの参考書が参考文献1）であり，本書でもその説明の仕方を踏襲させていただいた．

この例ではシステムのインパルス応答はこの音源・受音点間における室の応答（測定機器の応答も含む）となる．システムの入出力関係は式（2.43）で与えられる．ここで次のような演算を行う．

$$\phi(\tau') = \lim_{T \to \infty} \frac{1}{T} \int_0^T p(t) s(t-\tau') dt \qquad (2.95)$$

入力側の信号の時刻歴を反転している点に注意してほしい．この $p(t)$ に式（2.43）を代入し，音源として自己相関関数がデルタ関数となる信号を用いることで次のように変形される．

$$\phi(\tau') = \int_{-\infty}^{\infty} h(\tau) \left[\lim_{T \to \infty} \frac{1}{T} \int_0^T s(t-\tau) s(t-\tau') \mathrm{d}t \right] \mathrm{d}\tau$$

$$= \int_{-\infty}^{\infty} h(\tau) \delta(\tau-\tau') \mathrm{d}\tau = h(\tau') \tag{2.96}$$

このことから,音源として自己相関関数がデルタ関数となる信号を用い,時刻歴を反転した入力信号と出力信号のたたみ込みを行うことで,そのシステムのインパルス応答が測定できる.このような性質をもった信号は白色雑音がその代表であるが,再現性をもつことの利便性からTSP信号,M系列信号などが使われている[4].

演 習 問 題

2.1 式 (2.16)-(2.19) の変数 x を $(x+L)/2=X$ として変数変換することにより $0 \leq x \leq L$ で定義された関数 $f(x)$ のフーリエ級数表示を導出せよ.

2.2 フーリエ級数の複素数形式,式 (2.24),(2.25) をオイラーの恒等式を使って実数形式にしたとき式 (2.16)-(2.19) が得られることを示せ.ただし $f(x)$ は実関数とする.

2.3 $-\Delta t/2 \leq t \leq \Delta t/2$ で $1/\Delta t$ なる高さの単一の矩形波のフーリエ変換を求め,Δt を0にしたときどのようになるか.デルタ関数との関連で説明せよ.

2.4 デルタ関数について次の等式が成り立つことを示せ.

$$\int_{-\infty}^{\infty} e^{i2\pi ft} \mathrm{d}t = \delta(t) \tag{a.1}$$

2.5 式 (2.54) の導出過程を説明せよ.

3

ラプラス変換

3.1 ラプラス変換の応用例

3.1.1 解くべき方程式の例

建築，とくに環境工学の伝熱分野においては，基礎のみならず応用においても**ラプラス変換**（Laplace transform）が広く利用されている[1]．ラプラス変換が利用される例を，建物の暖房を対象として説明する．

図 3.1 に示すような建物（部屋）を考える．時刻 t における外気温と室温を $T_0(t)$，$y(t)$ [℃]，室内では暖房や照明などによる発熱 $h_0(t)$ [W] があるとする．時刻 t における室温上昇は，

① 壁や屋根などを通して室内に流入する熱流：$KA[T_0(t)-y(t)]$

② 室内での発熱：$h_0(t)$

により引き起こされ，

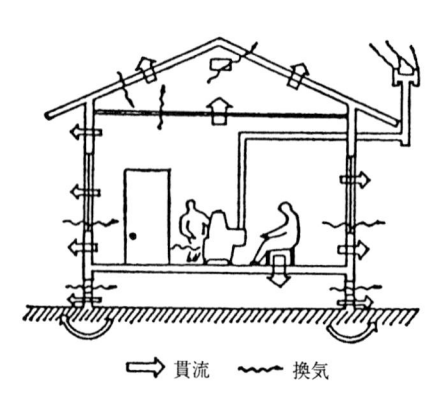

図 3.1 建物内の室温形成[2]

$$C\frac{\mathrm{d}y}{\mathrm{d}t} = KA[T_0(t) - y(t)] + h_0(t) \tag{3.1}$$

で与えられる．ここで，K は壁の熱貫流率 [W/m²K]，A は壁面積 [m²]，C は室の熱容量 [J/K] である．

式 (3.1) を変形すると，以下の $y(t)$ に関する微分方程式が得られる．

$$\frac{\mathrm{d}y}{\mathrm{d}t} = -ay(t) + f_0(t) \tag{3.2}$$

ここで，

$$a = KA/C, \qquad f_0(t) = h_0(t)/C + (KA/C)T_0(t)$$

である．したがって，暖房時の室温を求める問題は，式 (3.2) の 1 階線形常微分方程式を解くことに帰着する．建築環境工学が対象とする物理的な問題は，このような微分方程式で与えられることが多い．

3.1.2 方程式の解

式 (3.2) の解は，1.5.2 項の方法により，以下で与えられる．

$$y(t) = y(0)e^{-at} + \int_0^t e^{-a(t-\tau)} f_0(\tau) \mathrm{d}\tau \tag{3.3}$$

ここで，$y(0)$ は時刻 $t=0$ における室温である．

3.1.3 ラプラス変換による解法

ラプラス変換を用いて，式 (3.2) を以下の手順で解くことができる（個々の操作については，3.2 節以下において説明する）．

まず，導関数のラプラス変換に関する公式を利用して式 (3.2) の両辺をラプラス変換すると，

$$sY(s) - y(0) = -aY(s) + F_0(s) \tag{3.4}$$

ここで，s はラプラス変換のパラメータ，$Y(s)$ と $F_0(s)$ は $y(t)$ と $f_0(t)$ のラプラス変換である．これを $Y(s)$ に関して解くと，

$$Y(s) = \frac{y(0)}{s+a} + \frac{1}{(s+a)} F_0(s) \tag{3.5}$$

合成積のラプラス変換が各要素のラプラス変換の積になることを利用して，これを逆ラプラス変換すると，式 (3.3) が得られる．

(1) この例で明らかなように，微分方程式を解く際のラプラス変換の最大の利点は，微分の階数を1下げられることである．すなわち，式 (3.2) の1階の微分方程式が，式 (3.4) の代数方程式に変換され，式 (3.5) の解が容易に得られるのである（ラプラス変換における最大の問題点は，$Y(s)$ から原関数 $y(t)$ に戻すことである）．

(2) 以上の演算過程において2，3の公式を用いたが，以下において明らかになるように，それらの公式は，ラプラス変換の定義式と部分積分の公式さえ記憶しておけば，容易に導出できるものである．

(3) ラプラス変換のパラメータは複素数であり，数学的な根拠としては複素関数論を基礎としているため，それらに習熟したうえで初めて厳密な内容を理解できるものであるが，応用という観点からはそれらの数学的な厳密さにこだわる必要はない．形式的に使えること（演算子法という言葉の由来であろう）が，ラプラス変換の最大の特徴であり利点である．

(4) ここでは，ラプラス変換の常微分方程式への利用について述べたが，それに限られるものではない．偏微分方程式，積分方程式，差分方程式など，幅広い方程式系に用いられる．また，ここでは変数 t は時間をイメージしているが，これを位置座標とみなせばラプラス変換の適用は初期値問題に限られるものではなく，境界値問題にも適用可能である．

3.2 ラプラス変換の定義

3.2.1 歴　　　　史[3)]

ラプラス変換の歴史は古く，解析学の始祖オイラー（Euler, 1707-1783）に遡るとのことであるが，ラプラス変換という名前の由来は，ラプラス（Laplace, 1749-1827）が確率の計算に現れる差分方程式を，差分記号のままで演算したことによる（Théorie analytique des probabilités, 1812）．

英国の電気技術者ヘビサイド（Heaviside, 1850-1925）は，記号の演算（演算子法）を電気回路における過渡現象に適用したが（On operators in physical mathematics, Proc. Roy. Soc. London A., Vol.52 1893, Vol. 54 1894），この考え方は，今日，電気回路の扱いにおける基礎となっている．すなわち，

抵抗・コンデンサ・コイルにおける電圧と電流の関係は積分・微分などで表されるが，それはラプラス変換においてはパラメータ s を掛けたり割ったりするだけの簡単な操作となる．

ラプラス変換の理論および応用を丁寧に記述した著作に，Doetsch：Theorie und Anwendung der Laplace-Transformation, 1937 がある．ラプラス変換を使うという観点からは，大変わかりやすい教科書となっている．

3.2.2 ラプラス変換の定義

実数 t について，$t>0$ で定義される関数 $f(t)$ に対して，

$$F(s)=\int_0^\infty e^{-st}f(t)\mathrm{d}t=L\{f(t)\} \tag{3.6}$$

で定義される関数 $F(s)$ を $f(t)$ のラプラス変換といい，$f(t)$ は $F(s)$ にラプラス変換されたという．パラメータ s は一般には複素数である．

（注）式 (3.6) の積分は，まず有限区間 $[0, T]$ 上での定積分

$$\int_0^T e^{-st}f(t)\mathrm{d}t$$

を計算し，次に $T \to \infty$ の極限をとる．この極限値が有限確定値となるとき，式 (3.6) の積分が定義される．$T \to +0$ のとき，$f(t) \to \pm\infty$ となる場合についても同様に考える．

数学的に厳密に考えると以上のようになるが，通常の**リーマン積分** (Riemann integral) が可能であればラプラス変換が存在すると考えてよい．

3.2.3 ラプラス変換の例

以下に，式 (3.2) の常微分方程式を解くために必要な最低限度の公式を導く．いずれも初等的な演算により導出されるものである．

例題 3.1 $f(t)=1$ (t>0) のラプラス変換

$$\int_0^\infty e^{-st}\mathrm{d}t=\left[\frac{-e^{-st}}{s}\right]_0^\infty=\lim_{t\to 0}\frac{e^{-st}}{s}-\lim_{t\to\infty}\frac{e^{-st}}{s}$$

複素数 s を，その実部 $\mathrm{Re}(s)$ が $\mathrm{Re}(s)>0$ なるものとすると，上式は以下となる．

$$L\{1\} = \int_0^\infty e^{-st} \mathrm{d}t = \frac{1}{s} \tag{3.7}$$

例題 3.2 $f(t) = e^{at}$ ($t > 0$) のラプラス変換

$$\int_0^\infty e^{-st} e^{at} \mathrm{d}t = \int_0^\infty e^{-(s-a)t} \mathrm{d}t = \frac{1}{s-a} \qquad (\mathrm{Re}(s-a) > 0)$$

したがって,

$$L\{e^{at}\} = \frac{1}{s-a} \tag{3.8}$$

(注) この例において $a=0$ とおくと, $f(t)=1$, $L\{e^{at}\}=1/s$ となるが, これは例題 3.1 に対応している.

例題 3.3 $f(t) = e^{i\omega t}$ ($t > 0$) のラプラス変換

ここで, i は虚数単位, ω は実数である. 式 (3.8) で, $a = i\omega$ とおいた場合であるから,

$$L\{e^{i\omega t}\} = \frac{1}{s - i\omega} \tag{3.9}$$

この関係より三角関数のラプラス変換を容易に行うことができる. すなわち,

$$\sin \omega t = \frac{e^{i\omega t} - e^{-i\omega t}}{2i}$$

を用いると,

$$L\{\sin \omega t\} = L\left\{\frac{e^{i\omega t} - e^{-i\omega t}}{2i}\right\} = \frac{L\{e^{i\omega t}\} - L\{e^{-i\omega t}\}}{2i}$$

$$= \frac{1/(s-i\omega) - 1/(s+i\omega)}{2i} = \frac{\omega}{s^2 + \omega^2} \tag{3.10}$$

3.2.4 導関数のラプラス変換

$f(t)$ のラプラス変換を $F(s)$ とする. このとき, $f(t)$ の導関数 $f'(t)$ のラプラス変換は, 部分積分を用いると,

$$L\{f'(t)\} = \int_0^\infty e^{-st} f'(t) \mathrm{d}t = [e^{-st} f(t)]_0^\infty - (-s) \int_0^\infty e^{-st} f(t) \mathrm{d}t$$

$$= -f(0) + sL\{f(t)\}$$

$$= -f(0) + sF(s) \tag{3.11}$$

（注）式（3.11）の演算においては，$f'(t)$ が，$0 < t < \infty$ において連続，または少なくとも区分的連続であり，

$$\lim_{t \to \infty} e^{-st} f(t) = 0$$

が仮定されている．

まったく同様の演算により，関数 $f(t)$ の k 階微分のラプラス変換が次式で与えられることがわかる（導出は演習）．

$$L\{f^{(k)}(t)\} = s^k F(s) - s^{k-1} f(+0) - s^{k-2} f^{(1)}(+0)$$
$$- \cdots - s f^{(k-2)}(+0) - f^{(k-1)}(+0) \quad (3.12)$$

3.2.5 線　形　性

ラプラス変換は線形変換である．すなわち，n 個の関数 $f_1(t), f_2(t), \cdots, f_n(t)$ のそれぞれのラプラス変換を $F_1(s), F_2(s), \cdots, F_n(s)$ とすると，

$$L\{c_1 f_1(t) + c_2 f_2(t) + \cdots + c_n f_n(t)\} = c_1 F_1(s) + c_2 F_2(s) + \cdots + c_n F_n(s)$$
$$(3.13)$$

これについては，ラプラス変換の定義式を用いて容易に示すことができる．

3.3　ラプラス変換による解法：加重項が時間的に一定の場合

以上のラプラス変換に関する関係式を用いて，$f_0(t)$ が時間的に一定の場合について式（3.2）を解いてみよう．式（3.2），

$$\frac{dy}{dt} = -a y(t) + f_0 \quad (3.2)$$

の両辺をラプラス変換すると，

$$L\{y'(t)\} = -a L\{y(t)\} + L\{f_0\}$$

これに，ラプラス変換の定義式（3.6）と式（3.7），（3.11）を用いると，

$$-y(0) + s Y(s) = -a Y(s) + \frac{f_0}{s} \quad \text{(a)}$$

これを $Y(s)$ について解くと，

$$\therefore \quad Y(s) = \frac{y(0)}{s+a} + f_0 \frac{1}{(s+a)s} = \frac{y(0)}{s+a} - \frac{f_0}{a}\left[\frac{1}{(s+a)} - \frac{1}{s}\right] \quad \text{(b)}$$

両辺を，式 (3.6)-(3.8) を用いて逆ラプラス変換すると，

$$y(t) = y(0)e^{-at} - \frac{f_0}{a}(e^{-at} - 1) \tag{3.14}$$

この例で，ラプラス変換の便利さが理解できたであろう．式 (3.2) の1階の微分方程式が式 (a) の代数方程式になること，すなわちラプラス変換により微分の階数が1階下がり，解法が非常に容易になること（解 (b) がすぐ得られる）が，その最大の理由である．

問題は逆ラプラス変換であるが，この例では式 (b) の各項の逆変換（元の時間関数）は，すでに求められている公式（定数1と指数関数のラプラス変換式 (3.7)，(3.8)）を用いてただちに得られる（3.6 節の偏微分方程式の場合などでは，一般的な逆変換公式に立ち戻る必要が生じる）．

前述の例の式 (b) において，s の分数関数を部分分数の和に置き換えていることは重要である．この形にすると，指数関数の逆変換の公式が使えるからである．これは，後述の高次の微分方程式においてもまったく同様である．

例題 3.4 $y''(t) - y(t) = 0$, $y(0) = 2$, $y'(0) = 3$ を解け．

両辺をラプラス変換すると，

$$L\{y''(t)\} - L\{y(t)\} = 0$$

微分のラプラス変換を用いると，

$$\{s^2 Y(s) - sy(0) - y'(0)\} - Y(s) = 0$$

これに初期条件を用いると，

$$(s^2 - 1)Y(s) = 2s + 3$$

$$\therefore Y(s) = \frac{2s+3}{s^2-1} = \frac{-1}{2(s+1)} + \frac{5}{2(s-1)}$$

$$\therefore y(t) = \frac{-e^{-t} + 5e^t}{2}$$

3.4 ラプラス変換による解法：加重項が時間的に変化する場合

3.4.1 解くべき方程式とそのラプラス変換と代数方程式の解

次に，外気温や室内の発熱量が変化する場合，すなわち加重項が時間的に変

化する場合を解いてみよう．

この場合，式 (3.2) をラプラス変換し変形すると，式 (3.5) が得られる．

$$Y(s) = \frac{y(0)}{s+a} + \frac{1}{(s+a)} F_0(s) \tag{3.5}$$

右辺第1項は式 (3.8) を用いて逆変換できるが，第2項はこれまでの知識では逆変換できない．次の合成積のラプラス変換に関する知識が必要となる．

3.4.2 合成積とそのラプラス変換[3)]

2つの関数 $f(t)$, $g(t)$ の**合成積**（convolution 積分）$h(t)$ は，次式で定義される．

$$h(t) = \int_0^t f(\tau) g(t-\tau) d\tau = f * g \quad \left(= \int_0^t g(\tau) f(t-\tau) d\tau \right) \tag{3.15}$$

ここで，$f(t)$, $g(t)$ は $t>0$ で定義される関数であり，したがって，$h(t)$ も $t>0$ で定義される関数である．このとき，$h(t)$ のラプラス変換は，関数 $f(t)$ のラプラス変換と $g(t)$ のラプラス変換の積で表される．

$$\begin{aligned} L\{h(t)\} = L\{f*g\} &= L\left\{\int_0^t f(\tau) g(t-\tau) d\tau\right\} \\ &= L\{f(t)\} L\{g(t)\} \quad (H(s) = F(s) G(s)) \end{aligned} \tag{3.16}$$

これは，**ボレルの定理**（Borel's theorem）といわれる．ボレルの定理は以下のようにして導出される．

$$\begin{aligned} L\{f(t)\} L\{g(t)\} &= \left(\int_0^\infty e^{-su} f(u) du\right) \cdot \left(\int_0^\infty e^{-sv} g(v) dv\right) \\ &= \int_0^\infty \int_0^\infty e^{-s(u+v)} f(u) g(v) du dv \end{aligned} \tag{3.17}$$

ここで，次の変数変換

$$u = t-\tau, \quad v = \tau \tag{3.18}$$

により変数 (u,v) から変数 (t,τ) に変換すると（図3.2），

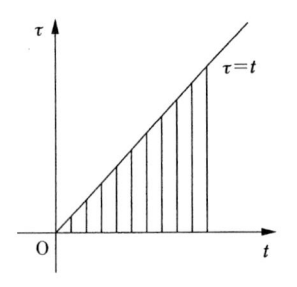

図3.2 積分領域

$$L\{f(t)\}L\{g(t)\} = \int_0^\infty d\tau \int_\tau^\infty e^{-st} f(t-\tau) g(\tau) dt$$

$$= \int_0^\infty e^{-st} \left\{ \int_0^t f(t-\tau) g(\tau) d\tau \right\} dt$$

$$= \int_0^\infty e^{-st} h(t) dt = L\{h(t)\} \tag{3.19}$$

3.4.3 重畳の原理

合成積に関するボレルの定理(式(3.16))を用いると,式(3.5)は以下のように逆ラプラス変換される.

$$y(t) = L^{-1}\{Y(s)\} = L^{-1}\left\{\frac{y(0)}{s+a}\right\} + L^{-1}\left\{\frac{1}{(s+a)} F_0(s)\right\}$$

$$= y(0) e^{-at} + L^{-1}\left\{\frac{1}{(s+a)}\right\} * L^{-1}\{F_0(s)\}$$

$$= y(0) e^{-at} + \int_0^t e^{-a(t-\tau)} f_0(\tau) d\tau \tag{3.20}$$

これは式(3.3)で与えたものに等しい.また,$f_0(t)$ が一定値の場合には,式(3.20)は式(3.14)となる.

ここで,式(3.20)の右辺の物理的な意味を検討する.まず,第1項であるが,$f_0(t)=0$ すなわち外気温が 0°C で室内で発熱がない場合を考えると,式(3.20)は以下となる.

$$y(t) = y(0) e^{-at} \tag{3.21}$$

この式は,時刻 0 で $y(0)$ [°C] であった室温が指数関数的に変化し,時間の経過とともに外気温 0°C に漸近することを表している.

一方,初期の室温 $y(0)$ を 0°C とすると,第 2 項のみが残り

$$y(t) = \int_0^t e^{-a(t-\tau)} f_0(\tau) d\tau \tag{3.22}$$

となる.この式は,時刻 t における室温 $y(t)$ が,それ以前の時刻 τ における外気温や内部発熱 $f_0(\tau)$ に重み $e^{-a(t-\tau)}$ を乗じ,それを時刻 0 から t まで積算することにより形成されることを示している.重み $e^{-a(t-\tau)}$ は,時刻 $\tau=t$ において最大値 1 をとり,時刻 τ が t から離れるにしたがい小さな値となる.これは,現在時刻 t における室温の形成には,時刻 t に近い時刻における外気温や内部発熱がより大きな影響を及ぼすことを意味しており,物理的にうなずける結果といえる.

以上のように,
- 時刻 t における室温が,初期室温の影響と外気温や内部発熱などの外力の影響の和として表されること,
- さらに,外力の影響については,時刻 t 以前の各時刻 τ における外力の重み付けされた和として表現されること

は,線形微分方程式(3.1)の大きな特徴であり,重ね合わせの原理,重畳原理などと呼ばれる.

3.4.4 デルタ関数 $\delta(t)$ とインパルス応答

ところで,式(3.22)に登場した重み $e^{-a(t-\tau)}$ に関して,もう少し調べてみよう.図 3.3 に示すように,強さ $1/\varepsilon$ の内部発熱が時刻 $0 \sim \varepsilon$ の間加えられたとする.これを $f_\varepsilon(t)$ で表す[3].すなわち,

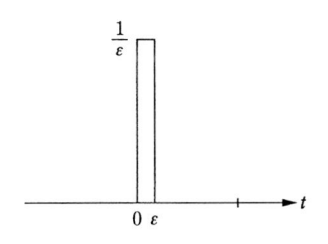

図 3.3 短冊型関数[3]

$$f_\varepsilon(t) = \begin{cases} \dfrac{1}{\varepsilon}, & 0 < t < \varepsilon \\ 0, & t < 0,\ t > \varepsilon \end{cases} \tag{3.23}$$

このような関数 $f_\varepsilon(t)$ のラプラス変換を求めると，

$$F_\varepsilon(s) = \int_0^\infty e^{-st} f_\varepsilon(t)\,\mathrm{d}t = \int_0^\varepsilon e^{-st}\frac{1}{\varepsilon}\,\mathrm{d}t = \frac{1}{\varepsilon}\int_0^\varepsilon e^{-st}\,\mathrm{d}t$$

$$= \frac{1}{\varepsilon}\frac{1 - e^{-s\varepsilon}}{s} \tag{3.24}$$

ここで，$\varepsilon \to 0$ の極限を考えると，

$$\lim_{\varepsilon \to 0} F_\varepsilon(s) = \lim_{\varepsilon \to 0}\frac{1}{\varepsilon}\frac{1 - e^{-s\varepsilon}}{s} = \lim_{\varepsilon \to 0}\frac{se^{-s\varepsilon}}{s} = 1 \tag{3.25}$$

となることがわかる．以下，$f_\varepsilon(t)$ の $\varepsilon \to 0$ の極限の関数を $\delta(t)$ と表記する．

式 (3.20) における外力 $f_0(t)$ が $\delta(t)$ のときの室温 $y(t)$ のラプラス変換は，初期温度 $y(0) = 0$ とすると，式 (3.5)，式 (3.25) より，

$$Y(s) = \frac{1}{s+a} \cdot F_0(s) = \frac{1}{(s+a)}1 \tag{3.26}$$

これを逆ラプラス変換すると，

$$y(t) = e^{-at} \tag{3.27}$$

となる．したがって，式 (3.22) の外力の重みを表す関数 e^{-at} は，外力を $\delta(t)$ とした場合の室温であることがわかる．よって，外力を $\delta(t)$ としたときの室温が求められれば，一般の外力 $f(t)$ の場合の室温は，$\delta(t)$ と $f(t)$ との合成積で求められることになる．$\delta(t)$ は，その面積が 1，幅が 0，高さが無限大の変化をする関数（通常の意味での関数ではなく，超関数として定義される）であり，**デルタ関数**（Delta function）と呼ばれる．物理的にはインパルス（衝撃）に対応する．入力がデルタ関数の場合の室温（式 (3.27) の e^{-at}）を，インパルス入力に対する応答という意味で**インパルス応答**（impulse response）と呼ぶ．また，式 (3.22) に関連して説明したように，外力に対する重みを表すため，重み関数とも呼ばれる．

$\delta(t)$ は，式 (3.23) よりわかるように，短冊型の関数の極限であり，近似的には非常に幅の狭い短冊と考えればよい．例えば一般の連続的に変化する外

3.5 線形定係数 n 階常微分方程式：より現実に近い物理系への拡張

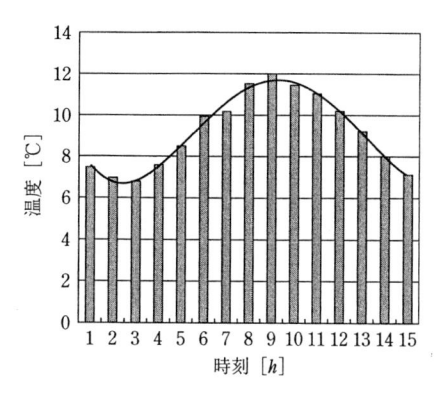

図 3.4 短冊による近似

気温を図 3.4 に示すような短冊の集まりで近似すると，一般外力（入力）に対する室温は，近似的には個々の短冊に対する室温の出力を加えたもので表現される．すなわち，個々の短冊の値とそれに対する重みを乗じて時間に関する和をとればよい．さらに，その短冊の幅を 0 に近づけることにより，したがって重みとして重み関数式（3.27）を用いることにより，正確な室温が得られることになる．

3.5 線形定係数 n 階常微分方程式：より現実に近い物理系への拡張

3.5.1 壁と室の2質点の場合：線形定係数2階常微分方程式，加重項は時間不変

3.1.1 項では説明を簡易にするため，壁を通しての熱移動が熱貫流率を用いて表される場合を扱った．これは，壁の材料の熱容量が 0 であると近似したことに相当する．壁の熱容量が無視できない場合には，壁の温度の時間的な変化を考慮する必要がある．

室温を $y(t)$，壁の温度を $y_w(t)$，壁の熱容量を C_W とすると，室温と壁温度を表現する式は以下となる．

$$C\frac{dy}{dt} = K_1 A[y_w(t) - y(t)] + h_0(t) \tag{3.28}$$

$$C_w \frac{dy_w}{dt} = K_1[y(t) - y_w(t)] + K_2[T_0(t) - y_w(t)] \quad (3.29)$$

で与えられる．ここで，K_1, K_2は室と壁の間，壁と外気との間の熱コンダクタンス [W/m²K]，Aは壁面積 [m²]，C, C_wは室および壁の熱容量 [J/K]，[J/m²K]，$T_0(t)$は外気温 [℃]，$h_0(t)$は室内発熱 [W] である．

式 (3.28) より $y_w(t)$ を $y(t)$ を用いて表し，それを式 (3.29) に代入すると，室温 $y(t)$ に関する2階の線形常微分方程式が得られる．それを整理すると，次式が得られる．

$$a_0 \frac{d^2 y(t)}{dt^2} + a_1 \frac{dy(t)}{dt} + a_2 y(t) = f_0(t) \quad (3.30)$$

ここでは，壁の温度は1個の温度 $y_w(t)$ で代表されるとしたが，壁内部の温度分布は一般には一様ではない．その状況を表現するには，壁を厚さ方向に分割し，式 (3.29) と同様な式を作成すればよい．分割を多くすることにより，実際の物理的な状況を再現することができると考えられる．そのようにして得られる何個かの1階の線形常微分方程式から，上述と同様の操作により1つの変数（例えば室温 $y(t)$）に関する式を作成すると，高階の線形常微分方程式となる．したがって，暖房時の室温を求める問題は，近似的には2階，あるいはさらに高階の線形常微分方程式を解くことに帰着する．

3.5.2 ラプラス変換と代数方程式および解の導出

以下では，一般的に次の n 階の線形常微分方程式について基本的な操作を説明する．

$$a_0 y^{(n)}(t) + a_1 y^{(n-1)}(t) + \cdots + a_n y(t) = f(t) \quad (3.31)$$

ここで，上付き添字の (n) は，時刻 t についての n 階の微分を表す．

関数 $y(t)$ の k 階微分のラプラス変換（導出は演習）

$$L\{y^{(k)}(t)\} = s^k Y(s) - s^{k-1} y(+0) - s^{k-2} y^{(1)}(+0)$$
$$- \cdots - s y^{(k-2)}(+0) - y^{(k-1)}(+0) \quad (3.32)$$

を式 (3.31)（をラプラス変換した式）に代入すると，

$$a_0 [s^n Y(s) - s^{n-1} y(+0) - s^{n-2} y^{(1)}(+0) - \cdots - s y^{(n-2)}(+0) - y^{(n-1)}(+0)]$$
$$+ a_1 [s^{n-1} Y(s) - s^{n-2} y(+0) - \cdots - s y^{(n-3)}(+0) - y^{(n-2)}(+0)]$$

3.5 線形定係数 n 階常微分方程式：より現実に近い物理系への拡張　　75

$$+\cdots$$
$$+a_{n-1}[sY(s)-y(+0)]$$
$$+a_nY(s)$$
$$=F(s)$$

これを整理すると，

$$[a_0s^n+a_1s^{n-1}+\cdots+a_{n-1}s+a_n]Y(s)$$
$$-a_0[s^{n-1}y(+0)+s^{n-2}y^{(1)}(+0)+\cdots+sy^{(n-2)}(+0)+y^{(n-1)}(+0)]$$
$$-a_1[s^{n-2}y(+0)+s^{n-3}y^{(1)}(+0)+\cdots+y^{(n-2)}(+0)]$$
$$-\cdots$$
$$-a_{n-1}y(+0)$$
$$=F(s) \tag{3.33}$$

よって，

$$B(s)Y(s)-A(s)=F(s) \tag{3.34}$$

$$\therefore \quad Y(s)=\frac{A(s)+F(s)}{B(s)}=\frac{A(s)}{B(s)}+\frac{F(s)}{B(s)} \tag{3.35}$$

ここで，

$$B(s)=a_0s^n+a_1s^{n-1}+\cdots+a_{n-1}s+a_n \tag{3.36}$$

$$A(s)=a_0[s^{n-1}y(+0)+s^{n-2}y^{(1)}(+0)+\cdots+sy^{(n-2)}(+0)+y^{(n-1)}(+0)]$$
$$+a_1[s^{n-2}y(+0)+s^{n-3}y^{(1)}(+0)+\cdots+y^{(n-2)}(+0)]$$
$$+\cdots$$
$$+a_{n-1}y(+0) \tag{3.37}$$

式 (3.35) でラプラス変換平面上での解が得られたことになる．これまでの節と同様，非常に単純な操作により解が得られることがわかる．

3.5.3　部分分数展開とラプラス逆変換

式 (3.35) の逆ラプラス変換を行う．式 (3.36)，(3.37) より明らかなように，定係数の線形常微分方程式の場合には，解 $Y(s)$ は分数関数で表され，その分母 $B(s)$ および分子の一部 $A(s)$ はラプラス変換のパラメータ s のべき級数で表される．この場合の逆変換は以下の手順で容易になされる．

まず，$A(s)/B(s)$ の逆変換について説明する．これは分母，分子が s のべ

き級数となる有理関数と呼ばれるものであり，次の形の**部分分数**（partial fraction）で表される．

$$\frac{A(s)}{B(s)} = \frac{c_1}{s-\alpha_1} + \frac{c_2}{s-\alpha_2} + \cdots + \frac{c_n}{s-\alpha_n} \tag{3.38}$$

ここで，$\alpha_1, \cdots, \alpha_n$ は，s の n 次式 $B(s)=0$ の根であり，ここでは簡単のため単根のみをもつものとしている（重根をもつ場合については，文献3）参照）．

式（3.38）の形に変形されると，右辺各項は指数関数のラプラス変換の形となっているから，ただちに逆ラプラス変換されて次式となる．

$$L^{-1}\left\{\frac{A(s)}{B(s)}\right\} = \sum_{k=1}^{k=n} c_k e^{\alpha_k t} \tag{3.39}$$

次に式（3.35）第2項の逆変換を行う．この項は $F(s)$ と $1/B(s)$ との積で表されているから，ボレルの定理を用いてそれぞれの関数の逆ラプラス変換の convolution 積分で与えられる．$F(s)$ の逆変換は $f(t)$ であるから，$1/B(s)$ の逆変換についてのみ検討すればよい．ところで，これについては，$A(s)/B(s)$ において $A(s)=1$ となった特別の場合であるから，式（3.38）から式（3.39）に至るのとまったく同様の操作で逆ラプラス変換がなされる（すでに $B(s)=0$ の根も得られている）．

なお，部分分数の分子 c_k の値は，以下の操作で容易に求められる．式（3.38）の両辺に $(s-\alpha_k)$ を乗じた後，$s \to \alpha_k$ とすると，

$$\lim_{s \to \alpha_k}(s-\alpha_k)\frac{A(s)}{B(s)} = c_k \tag{3.40}$$

これは，以下の演算となる．

$$\lim_{s \to \alpha_k}\frac{(s-\alpha_k)A(s)}{B(s)} = \lim_{s \to \alpha_k}\frac{A(s)+(s-\alpha_k)A'(s)}{B'(s)} = \frac{A(\alpha_k)}{B'(\alpha_k)} = c_k \tag{3.41}$$

式（3.40），（3.41）は有理関数の逆ラプラス変換を与えるものであるが，この表現は無理関数の場合にも当てはまる．無理関数に関してはこれまでの公式では逆変換できず，次の反転公式に基づいて原関数 $f(t)$ を求める必要がある[3]．

$$f(t) = \frac{1}{2\pi i}\int_{\xi-i\infty}^{\xi+i\infty} e^{ts} F(s)\,\mathrm{d}s \tag{3.42}$$

この公式における右辺の積分は**留数の定理**（residue theorem）を利用して，すなわち $e^{ts}F(s)$ の値が ∞ となる**極**（pole）における留数を求めることにより計算されるが，それは形式的には式 (3.40) の $B(s)=0$ となる s の値（極）において式 (3.40) の値を求める操作に対応している．

3.6 偏微分方程式への適用と境界値問題

3.6.1 壁体の非定常熱伝導を表す方程式

3.1.1項では壁を通しての熱移動が熱貫流率を用いて表される場合を，3.5.1項では壁を1つの熱容量として，すなわち（時間的には変化するが）壁の温度は一様と近似される場合を扱った．当然，外気温度や室温が時間的に変動している場合には，壁の内部の温度分布は一様ではなく，場所により異なるのが通常である．そのような場合の壁内部の温度分布は，次に示す非定常の熱伝導方程式と呼ばれる偏微分方程式で表される．

$$\frac{\partial \theta}{\partial t} = a \frac{\partial^2 \theta}{\partial x^2} \tag{3.43}$$

ここで，$\theta = \theta(x,t)$ は時刻 t，壁内部の位置 x における温度，a は温度伝導率である．

3.6.2 偏微分方程式の解

式 (3.43) は，x と t を2個の独立変数としてもつ微分方程式，すなわち偏微分方程式である．偏微分方程式を解くことは，通常は常微分方程式を解くよりはるかに難しい．ここでは，式 (3.43) の解法としてラプラス変換を用いる方法を示す．

$$\Theta(x,s) = L\{\theta(x,t)\} = \int_0^\infty e^{-st}\theta(x,t)\mathrm{d}t \tag{3.44}$$

で，$\theta(x,t)$ のラプラス変換 $\Theta(x,s)$ を定義する．このとき，式 (3.43) の両辺をラプラス変換すると，

$$s\Theta(x,s) - \theta(x,0) = a\frac{\mathrm{d}^2\Theta(x,s)}{\mathrm{d}x^2} \tag{3.45}$$

式 (3.45) は，s をパラメータ，$\theta(x,0)$ を荷重項として含む，x に関する2

階の常微分方程式になっている．したがって，この式を解くためには，例えばこの両辺を x に関してラプラス変換すればよい．

非定常時の建物の熱負荷や室温の算定においては，式 (3.45) を基礎として 4 端子行列[1]を作成し，それを適当な方法で解く解法が，建築の実務でも一般的に用いられている．

3.6.3 初期値問題と境界値問題

次の方程式を考える[3]．

例題 3.5　$y''(t) + y(t) = t$, 　$y'(0) = 1$, 　$y(\pi) = 0$ を解け．

両辺をラプラス変換すると，

$$L\{y''(t)\} + L\{y(t)\} = \frac{1}{s^2}$$

微分のラプラス変換を用いると，

$$\{s^2 Y(s) - sy(0) - y'(0)\} + Y(s) = \frac{1}{s^2}$$

初期値 $y(0)$ は与えられていないので，これを $y(0) = c$ とおき上式に代入すると，

$$(s^2 + 1) Y(s) = \frac{1}{s^2} + c \cdot s + 1$$

$$\therefore \quad Y(s) = \frac{1}{s^2} + \frac{c \cdot s}{s^2 + 1}$$

$$\therefore \quad y(t) = t + c \cdot \cos t$$

ここで，もう 1 個の条件 $y(\pi) = 0$ を用いて未定の定数 c を決めると，

$$0 = \pi + c \cdot \cos \pi \quad \therefore \quad c = \pi$$

よって，

$$y(t) = t + \pi \cdot \cos t$$

この問題は，2 点で条件が与えられているいわゆる境界値問題であるが，ここでは $t = 0$ での値とその 1 階微分が与えられる初期値問題として解いた後，もう 1 個の境界値を用いることにより未定の初期値を得るという方法をとっている．境界値問題を初期値問題として扱っていると捉えることもできるが，両者に本質的な違いがないとも解釈できる．

演 習 問 題

3.1 $f(t)=\sin\omega t$ のラプラス変換が,$\omega/(s^2+\omega^2)$ となることを,(複素数表現を用いずに) $\sin\omega t$ を直接部分積分することにより導け.

3.2 関数 $f(t)$ の k 階微分のラプラス変換が次式で与えられることを示せ.
$$L\{f^{(k)}(t)\}=s^k F(s)-s^{k-1}f(+0)-s^{k-2}f^{(1)}(+0)$$
$$-\cdots-sf^{(k-2)}(+0)-f^{(k-1)}(+0)$$

3.3 次の $y(t)$ に関する1階の常微分方程式を,以下の手順に従ってラプラス変換により解け.
$$y'(t)-2y(t)=f(t),\qquad y(0)=0$$

(a) 両辺をラプラス変換せよ.ただし,$y(t)$,$f(t)$ のラプラス変換をそれぞれ $Y(s)$,$F(s)$ で表すものとする.

(b) 初期条件 $y(0)=0$ を用いて,$Y(s)$ を求めよ.

(c) 2つの関数 $g(t)$ と $h(t)$ の convolution 積分を $k(t)$ とする.$k(t)$ を $g(t)$ と $h(t)$ を用いて表せ.また,これらの関数のラプラス変換 $G(s)$,$H(s)$,$K(s)$ の間に成り立つ関係を書け.

(d) $1/(s-2)$ の逆ラプラス変換を求めよ.

(e) (b) で得られた解 $Y(s)$ に (c) (d) の関係を適用して,$Y(s)$ を逆ラプラス変換せよ.さらに,この結果を用いて,$f(t)=e^{-3t}$ の場合の $y(t)$ を求めよ.

4
変　分　法

4.1　変 分 法 と は

変数（variable）x に対して $f(x)$ が一意に決定されるとき，$f(x)$ を x の**関数**（function）という．それに対し，関数 $f(x)$ の積分量など，関数から実数（あるいは複素数）への写像を**汎関数**（functional）という[1-5]．例えば，図 4.1 で示すような曲線 $y=g(x)$ と x 軸で囲む面積 S は，積分区間 $[a, b]$ を固定すると，

$$S=\int_a^b g(x)\,\mathrm{d}x \qquad (4.1)$$

で表すことができるので，$g(x)$ の汎関数である．

建築構造力学での例として，図 4.2 のような軸力を受ける棒を考える．軸方向座標を x とし，棒は $x=0$ で支持されているものとする．ヤング係数を E，断面積を A，x 軸方向の分布外力を $q(x)$，x 軸方向の変位を $u(x)$，部材長

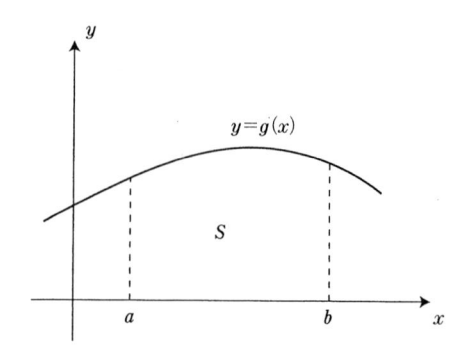

図 4.1　曲線と座標軸の囲む面積

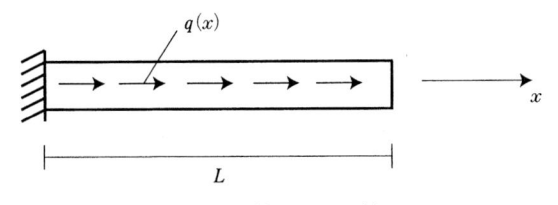

図4.2 軸力を受ける棒

を L とし，集中外力が作用していないとき，**全ポテンシャルエネルギー**（total potential energy）Π は，

$$\Pi = \int_0^L \left[\frac{1}{2} EA \left(\frac{du(x)}{dx} \right)^2 - q(x) u(x) \right] dx \tag{4.2}$$

である．したがって，Π は $u(x)$ の積分で表されるスカラー量なので $u(x)$ の汎関数である．

構造力学での静的な釣合い条件は，全ポテンシャルエネルギーの最小原理から求められる．詳細は後述するが，図4.2の棒の釣合い式は，$u(0)=0$ を満たす関数 $u(x)$ において Π が最小になる条件から，次のように導かれる．

$$EA \frac{d^2 u}{dx^2} + q = 0, \quad \left. \frac{du}{dx} \right|_{x=L} = 0 \tag{4.3}$$

ここで，式 (4.3) の第1式は領域内での釣合い式であり，第2式は境界での釣合い式である．また，以下では簡単のため引数 x は省略する．

構造物の静的な力の釣合い以外にも，自然界の現象は何らかの関数あるいは汎関数に対する最小原理によって決まることが多い．例えば，2つの柱の間に吊るした紐の形状や，お椀の中にボールをおいたときに静止する位置は，位置エネルギーの最小化によって定まる（最小原理が先か，釣合い条件が先かという問題に対しては明快な答えはなく，思想的あるいは哲学的な問題ともいえる）．

汎関数を最小化，あるいは最大化するような関数を求める問題を**変分問題**（variational problem）といい，その解法や，解の関数が満たすべき条件を導くことを**変分法**（variational method）という．また，変分法を対象とする学問を**変分学**（calculus of variation）といい，変分法によって導かれる原理を**変分原理**（variational principle）という．

変分法の歴史は，300年程前にまで遡ることができる．最急降下線（例題4.4参照）を求める問題は，ヨハン・ベルヌーイ（Johann Bernoulli, 1667-1748）によって，1700年頃に提起された．また，制約条件付きの変分問題の代表例である等周問題（4.6節参照）は，18世紀前半にオイラー（Euler, 1707-1783）によって解かれた．

一般に，関数や汎関数を最小にするような変数あるいは関数を求める問題は，**最適化問題**（optimization problem）として定式化できる．最適化問題を解くための手法を**最適化手法**（optimization method）といい，最近は，コンピュータ利用を前提として，離散化された最適化問題を解くための**数理計画法**（mathematical programming）[6,7]がめざましい発展を遂げている．しかし，変分法は，力学などの基本原理を導くうえで有用である．また，複雑な構造物を解析するための**有限要素法**（finite element method）といわれる手法も，変分原理に基づいて数学的基礎が築かれている[8]．

例えば，上述の軸力を受ける棒の全ポテンシャルエネルギー Π を最小化する問題は，任意の重み関数 $w(x)$ に対して

$$\int_0^L \left(EA \frac{du}{dx} \frac{dw}{dx} - qw \right) dx = 0 \tag{4.4}$$

が成立する条件に書き換えることができる．問題設定や，関数の満足すべき条件などに関する厳密な表現は4.7節を参照すること．式（4.4）を部分積分すると

$$\left[EA \frac{du}{dx} w \right]_0^L - \int_0^L \left(EA \frac{d^2 u}{dx^2} + q \right) w \, dx = 0 \tag{4.5}$$

を得る．4.7節で示すように，u，w に対する適切な境界条件の下で，全ポテンシャルエネルギーを最小化することと，任意の w に対して式（4.4）あるいは式（4.5）を満たすような u を求めることの同値性を示すことができる．このような原理に基づいて離散化された基礎式を用いて，力学分野での多くの問題を解くことができる．

本章では，変分法の基礎を解説し，構造力学におけるエネルギー原理を中心に，建築での応用例を紹介する．また，読者は構造力学の基礎知識をもっているものと想定する．必要ならば，教科書を適宜参照すること[9]．

4.2 関数の極大と極小

変数 x で定められる関数 $f(x)$ を考える．x が動くことのできる範囲（区間）を定義域という．実数の区間がその両端を含むとき，その区間は閉区間であるという．例えば，$x_0 \leq x \leq x_1$ は閉区間であり，$x_0 < x < x_1$ は開区間である．定義域が有界な閉区間であるとき，$f(x)$ が連続関数ならば必ず最大値および最小値をもつ．例えば，閉区間 $-1 \leq x \leq 2$ で定義された関数 $f(x) = x^2$ は，$x = 0$ で最小値 0 となり，$x = 2$ で最大値 4 となる．しかし，定義域が開区間 $-1 < x < 2$ であれば，x が 2 に近づけば $f(x)$ は 4 に近づくが，4 に一致することはできないので，最大値は存在しない．

また，連続関数は有界であることを示すことができる．例えば，$0 \leq x \leq 2$ で定義された関数 $f(x) = 1/x$ は連続関数ではなく，$x = 0$ で ∞ に発散する．さらに，区間 $1 \leq x$ は $1 \leq x \leq \infty$ と書くこともでき，有界でない閉区間である．このような区間では，最大値と最小値が存在するとは限らない．

図 4.3 の点 A での x の値を x_A とする．x_A の近傍のすべての x に対して $f(x) \leq f(x_A)$ が成り立つので，点 A を**局所極大点**（local maximum point）といい，$f(x_A)$ を**極大値**（local maximum）という．閉区間や近傍の厳密な定義については，位相空間論[10]や関数解析[11]の教科書を参照すること．逆に，図の点 B のように，近傍のすべての x に対して $f(x) \geq f(x_B)$ が成り立つと

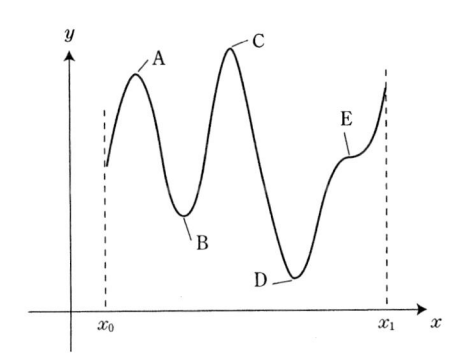

図 4.3 停留点の分類

き，点 B を**局所極小点**（local minimum point）といい，$f(x_B)$ を**極小値**（local minimum）という．

極小点あるいは極大点が定義域の境界ではなく内部に存在するとき，$f(x)$ の x に関する傾きは 0 になっており，次式が成り立つ．

$$\frac{df(x)}{dx}=0 \tag{4.6}$$

すなわち，関数 $f(x)$ の**微分係数**（differential coefficient）あるいは**導関数**（derivative）の値が 0 になっている．このような条件を**停留条件**（stationary condition）という．

停留条件は，関数が極大あるいは極小となるための**必要条件**（necessary condition）であるが，**十分条件**（sufficient condition）ではない．例えば，図 4.3 の点 E のような**変曲点**（point of inflection）（あるいは反曲点）では，傾きは 0 であるが，極大あるいは極小とはなっていない．停留条件を満たす点を**停留点**（stationay point）という．

停留点をさらに分類するため，関数の**高階微分係数**（higher order differential coeffcient）（あるいは**高階導関数**（higher order derivative））の値について考えてみる．関数 $f(x)$ の極大点，極小点と変曲点は，2 階微分係数 $d^2f(x)/dx^2$ の符号および 3 階微分係数 $d^3f(x)/dx^3$ の値によって，以下のように分類できる．

$$\frac{d^2f(x)}{dx^2}\begin{cases} >0 \ :\ 極小点 \\ <0 \ :\ 極大点 \\ =0 \ かつ\ \dfrac{d^3f(x)}{dx^3}\neq 0\ :\ 変曲点 \end{cases} \tag{4.7}$$

以下では，簡単のため関数 $f(x)$ の導関数を $f'(x)$，2 階導関数を $f''(x)$ のように書く．また，$f(x)$ は境界ではなく定義域内部で最大値と最小値をもつものとする．図 4.3 のように定義域 $x_0 \leq x \leq x_1$ において複数の極大点 A，C があるとき，そのなかで値が最も大きい点 C を**最大点**（maximum point）といい，そのときの関数の値 $f(x_C)$ を**最大値**（maximum）という．また，複数の極小点 B，D のなかで値が最小の点 D を**最小点**（minimum point）といい，そのときの関数値 $f(x_D)$ を**最小値**（minimum）という．定義域の境界で

最大あるいは最小になる場合を除くと，停留条件は最小値あるいは最大値をとるための必要条件である．

例題 4.1 区間 $0 \leq x \leq 3$ で定義された次のような 1 変数関数を考える．

$$f(x) = 3x^4 - 22x^3 + 57x^2 - 60x + 23 \tag{4.8}$$

x で微分すると，

$$\begin{aligned} f'(x) &= 12x^3 - 66x^2 + 114x - 60 \\ &= 6(x-1)(x-2)(2x-5) \end{aligned} \tag{4.9}$$

となる．したがって，$x = 1, 2, 5/2$ が停留点である．2 階導関数は，

$$f''(x) = 36x^2 - 132x + 114 \tag{4.10}$$

なので，$f''(1) > 0$, $f''(2) < 0$, $f''(5/2) > 0$ であり，$x = 1, 5/2$ で極小，$x = 2$ で極大となる．また，$f(1) = 1$, $f(2) = 3$, $f(5/2) = 43/16$ であり，境界では $f(0) = 23$, $f(3) = 5$ なので，最大値は $f(0) = 23$，最小値は $f(1) = 1$ である．

4.3 オイラーの方程式

本節では，汎関数が最小となるための必要条件としての停留条件を導いてみる．

前節で示した分布力を受ける棒の全ポテンシャルエネルギーでは，**被積分関数**（integrand）は，単位長さあたりの**ひずみエネルギー**（strain energy）と**外力仕事**（external work）の差であり，それを F とすると，

$$F = \frac{1}{2} EA (u'(x))^2 - q(x) u(x) \tag{4.11}$$

である．したがって，F は $u(x)$ と $u'(x)$ に依存し，$u(x)$ の係数として x の関数 $q(x)$ を含んでいる．

このような関数の積分で表される汎関数を一般化した形式として，次のような汎関数 $I[y]$ を考える．

$$I[y] = \int_{x_0}^{x_1} [p(x)(y'(x))^2 + q(x)(y(x))^2 + 2r(x) y(x)] \mathrm{d}x \tag{4.12}$$

ここで，$y(x)$, $p(x)$, $q(x)$, $r(x)$ は区間 $x_0 \leq x \leq x_1$ での連続関数である．

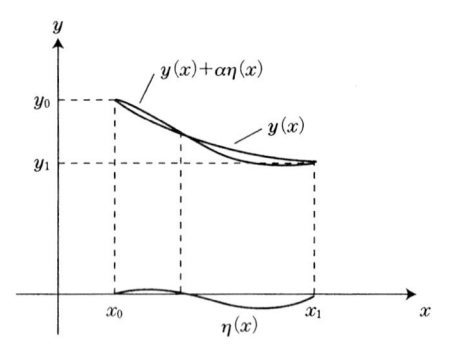

図 4.4 曲線の変分

また,$p(x)$ は連続微分可能,$y(x)$ は 2 回連続微分可能とする.このような連続性の必要性については,後で部分積分を行ったときに明らかになる.x_0,x_1 での**境界条件**(boundary condition)を次のように与える.

$$y(x_0)=y_0, \qquad y(x_1)=y_1 \tag{4.13}$$

境界条件式 (4.13) の下で,式 (4.12) で定義される汎関数 $I[y]$ を最小にする関数を求める.すなわち,(x_0, y_0),(x_1, y_1) を通って $I[y]$ を最小にする曲線を求める.与えられた境界条件を満たす関数を**許容関数**(admissible function)あるいは**比較関数**(comparison function)という.また,変分問題において未知となる関数 $y(x)$ を変関数という.

表現を簡単にするため,$I[y]$ を最小にする関数を $y(x)$ とし,区間 $x_0 \leq x \leq x_1$ において連続微分可能な関数を $\eta(x)$ とする.また,$\eta(x)$ は次のような境界条件を満たす.

$$\eta(x_0)=\eta(x_1)=0 \tag{4.14}$$

式 (4.14) のように,値が 0 となる境界条件を**同次境界条件**(homogeneous boundary condition)という.このとき,α をパラメータとすると,$y(x)+\alpha\eta(x)$ は境界条件を満たす許容関数の集合を表す.y は $I[y]$ の最小値を与えるから,任意の α に対して

$$I[y+\alpha\eta] \geq I[y] \tag{4.15}$$

が成立する.

η を固定すると,$I[y+\alpha\eta]$ は α の関数と考えられ,$I[y+\alpha\eta]$ と α の関係は図 4.5 のようになる.$\alpha=0$ で $I[y+\alpha\eta]$ は最小なので,$I[y+\alpha\eta]$ は $\alpha=0$

4.3 オイラーの方程式

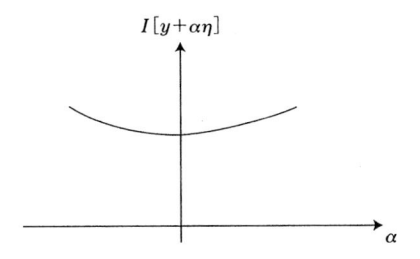

図4.5 $\alpha=0$ で最小となる汎関数 $I[y+\alpha\eta]$ と α の関係

で停留し，次式が成立する．

$$\left[\frac{\mathrm{d}}{\mathrm{d}\alpha}I[y+\alpha\eta]\right]_{\alpha=0}=0 \tag{4.16}$$

ここで，

$$\frac{\mathrm{d}}{\mathrm{d}\alpha}I[y+\alpha\eta]=\frac{\mathrm{d}}{\mathrm{d}\alpha}\int_{x_0}^{x_1}[p(y'+\alpha\eta')^2+q(y+\alpha\eta)^2+2r(y+\alpha\eta)]\mathrm{d}x$$

$$=\int_{x_0}^{x_1}[2p(y'+\alpha\eta')\eta'+2q(y+\alpha\eta)\eta+2r\eta]\mathrm{d}x \tag{4.17}$$

である．以下では，簡単のため $p(x)$，$q(x)$，$r(x)$ の引数 x は省略する．式 (4.16)，(4.17) より，関数 y が汎関数 $I[y]$ を最小化するための必要条件は次のように書ける．

$$\int_{x_0}^{x_1}[2py'\eta'+2qy\eta+2r\eta]\mathrm{d}x=0 \tag{4.18}$$

一方，$I[y+\alpha\eta]$ と $I[y]$ の差をとると，以下のような α に関するテイラー展開式を得る．

$$I[y+\alpha\eta]-I[y]=\int_{x_0}^{x_1}[p(y'+\alpha\eta')^2+q(y+\alpha\eta)^2+2r(y+\alpha\eta)]\mathrm{d}x$$

$$-\int_{x_0}^{x_1}(py'^2+qy^2+2ry)\mathrm{d}x$$

$$=\alpha\int_{x_0}^{x_1}(2py'\eta'+2qy\eta+2r\eta)\mathrm{d}x$$

$$+\alpha^2\int_{x_0}^{x_1}(p\eta'^2+q\eta^2)\mathrm{d}x \tag{4.19}$$

式 (4.19) における α の1次の項を δI と書き，汎関数 $I[y]$ の**第1変分** (first variation) と呼ぶ．すなわち，

$$\delta I = \alpha \int_{x_0}^{x_1} (2py'\eta' + 2qy\eta + 2r\eta) \mathrm{d}x \tag{4.20}$$

である. 式 (4.18) と式 (4.20) を比較すると,

$$\delta I = \alpha \left[\frac{\mathrm{d}}{\mathrm{d}\alpha} I[y + \alpha\eta] \right]_{\alpha=0} \tag{4.21}$$

を得る. したがって, 関数 y が汎関数 $I[y]$ を最小にするための必要条件は, 境界条件 (4.14) を満たす任意の関数 η に対して次式が成立することである.

$$\delta I = 0 \tag{4.22}$$

式 (4.20) を部分積分すると,

$$\delta I = 2\alpha [py'\eta]_{x_0}^{x_1} - 2\alpha \int_{x_0}^{x_1} \left[\frac{\mathrm{d}}{\mathrm{d}x}(py') - qy - r \right] \eta \mathrm{d}x \tag{4.23}$$

となり, 境界条件 $\eta(x_0) = \eta(x_1) = 0$ を用いると

$$\delta I = -2\alpha \int_{x_0}^{x_1} \left[\frac{\mathrm{d}}{\mathrm{d}x}(py') - qy - r \right] \eta \mathrm{d}x \tag{4.24}$$

を得る.

一般に, $\int_a^b g(x)\eta(x)\mathrm{d}x = 0$ が任意の $\eta(x)$ に対して成り立つとき, 区間 $[a, b]$ 内のすべての x において $g(x) = 0$ でなければならない. このような定理を**変分学の基本補助定理** (fundamental lemma of the calculus of variations) という. したがって, 式 (4.24) において η は境界条件を満たす任意の関数だから, y は次式を満たさなければならない.

$$\frac{\mathrm{d}}{\mathrm{d}x}(py') - qy - r = 0 \tag{4.25}$$

汎関数 $I[y]$ を停留させるような関数 y を**停留関数** (stationary function) という. さらに, y が満たすべき微分方程式 (4.25) を**オイラーの方程式** (Euler's equation) あるいはオイラー・ラグランジュの方程式という. したがって, 変分問題を解くことは, オイラーの方程式を与えられた境界条件の下で解くことと等価である.

以上のように, 許容関数の集合をスカラーパラメータ α で表現し, 汎関数の α に関する停留条件を用いてオイラーの方程式を導くことができた. しかし, 一般の汎関数に対してこのような手続きを実行するのはきわめて面倒である. そこで, $\alpha\eta$ を停留関数 y からの偏差と考え, これを δy と書き, y の変

分という．δy は η と同様の境界条件
$$\delta y(x_0) = \delta y(x_1) = 0 \tag{4.26}$$
を満たす．さらに，$a\eta'$ も $\delta y'$ のように書く．

式 (4.12) の被積分関数を変関数で微分し，部分積分を行って境界条件 (4.26) を用いると次式を得る．
$$\begin{aligned}\delta I &= \int_{x_0}^{x_1}[2py'\delta y' + 2qy\delta y + 2r\delta y]\mathrm{d}x \\ &= -2\int_{x_0}^{x_1}\left[\frac{\mathrm{d}}{\mathrm{d}x}(py') - qy - r\right]\delta y\,\mathrm{d}x\end{aligned} \tag{4.27}$$

ここで，δy は任意だから，オイラーの方程式 (4.25) を得る．以上のように，y の変分を $a\eta$ で表して a に関する微分あるいはテイラー展開を実行しなくても，形式的な陰関数の微分操作でオイラーの方程式を導くことができる．

一般的に，x, y, y' の連続微分可能（y' に関しては2回微分可能）な関数 $F[x, y, y']$ の積分で表される汎関数
$$I[y] = \int_{x_0}^{x_1}F[x, y, y']\mathrm{d}x \tag{4.28}$$
を考えると，
$$I[y + \delta y] = \int_{x_0}^{x_1}F[x, y + \delta y, y' + \delta y']\mathrm{d}x \tag{4.29}$$
である．簡単のため，F の y および y' での微分をそれぞれ F_y および $F_{y'}$ とすると，第1変分は次のように書ける．
$$\begin{aligned}\delta I &= \int_{x_0}^{x_1}(F_y\delta y + F_{y'}\delta y')\mathrm{d}x \\ &= [F_{y'}\delta y]_{x_0}^{x_1} - \int_{x_0}^{x_1}\left[\frac{\mathrm{d}}{\mathrm{d}x}(F_{y'}) - F_y\right]\delta y\,\mathrm{d}x\end{aligned} \tag{4.30}$$

境界条件を $y(x_0) = y_0$, $y(x_1) = y_1$ とすると，式 (4.30) の右辺第1項は0である．したがって，δy の任意性を用いると，オイラーの方程式は次のようになる．
$$\frac{\mathrm{d}}{\mathrm{d}x}(F_{y'}) - F_y = 0 \tag{4.31}$$

式 (4.31) において，y および y' が x の関数であることを考慮して x での微分を実行すると，次式を得る．

$$F_{y'y'}y'' + F_{y'y}y' + F_{y'x} - F_y = 0 \tag{4.32}$$

ここで，F_x は，変関数 $y(x)$ の係数や定数項として与えられる x の**陽な関数** (explicit function)（例えば式 (4.12) の $p(x)$，$q(x)$，$r(x)$）の x での微分に関係する項である．

式 (4.32) は，被積分関数が y，y' と x の陽な関数を含む場合のオイラーの方程式である．以下では，被積分関数が y または y' を含まない場合，あるいは x の陽な関数を含まない場合のオイラーの方程式を導いてみる．

(1) F が y' を含まないとき：
式 (4.31) において左辺第 1 項が 0 なので
$$F_y = 0 \tag{4.33}$$

(2) F が y を含まないとき：
式 (4.31) より
$$\frac{\mathrm{d}}{\mathrm{d}x}(F_{y'}) = 0 \tag{4.34}$$
なので，C を定数として
$$F_{y'} = C \tag{4.35}$$

(3) F が x の陽な関数を含まないとき：
式 (4.32) は，
$$F_{y'y}y' + F_{y'y'}y'' - F_y = 0 \tag{4.36}$$
のようになる．式 (4.36) が成立するとき，
$$y'(F_{y'y}y' + F_{y'y'}y'' - F_y) = 0 \tag{4.37}$$
であり，このとき，
$$\frac{\mathrm{d}}{\mathrm{d}x}(F - y'F_{y'}) = 0 \tag{4.38}$$
であることを示すことができる．したがって，オイラーの方程式は
$$F - y'F_{y'} = C \tag{4.39}$$

例題 4.2 図 4.2 で示した分布軸力 $q(x)$ の作用を受ける棒を考える．軸方向座標を x とし，棒は $x=0$ で支持されている．x 軸方向の変位を $u(x)$ とし，伸び剛性を EA とすると，全ポテンシャルエネルギーは次のように書ける．

$$\Pi[u] = \int_0^L \left[\frac{1}{2}EA(u')^2 - qu\right]dx \tag{4.40}$$

$\Pi[u]$ の第1変分は次のようになる．

$$\begin{aligned}\delta\Pi &= \int_0^L (EAu'\delta u' - q\delta u)dx \\ &= [EAu'\delta u]_0^L - \int_0^L (EAu'' + q)\delta u\, dx\end{aligned} \tag{4.41}$$

したがって，オイラーの方程式より

$$EAu'' + q = 0 \tag{4.42}$$

を得る．式 (4.42) は，分布外力を受ける棒の釣合い微分方程式である．また，$x=0$ で δu は 0 であるが，$x=L$ では δu は 0 とは限らない．したがって，式 (4.41) の右辺第1項が 0 となるためには，$x=L$ で $u'=0$ が成立しなければならない．このような境界条件については 4.5 節で詳しく説明する．

例題 4.3 図 4.6 に示すような xy 平面内の点 (x_0, y_0), (x_1, y_1) を通る曲線を x 軸のまわりに回転させたときに形成される曲面の表面積が，最小になるような曲線 $y(x)$ を求める．このように，指定された境界条件の下で表面積が最小となるような曲面を**極小曲面**（minimal surface）という．極小曲面の詳細については，古典微分幾何学の教科書[12]などを参照すること．

表面積を求めるため，まず，x の微小区間 dx における曲線の長さ dS を求める．図 4.7 からわかるように，dS, dy と dx の関係は次のようになる．

$$dS = \sqrt{dx^2 + dy^2} \tag{4.43}$$

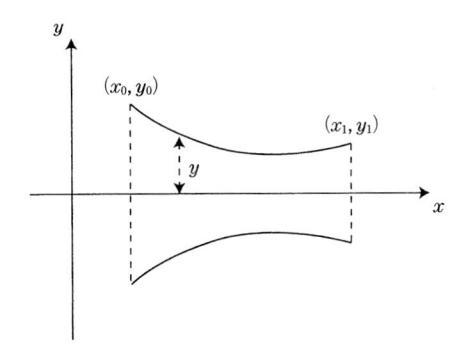

図 4.6　x 軸のまわりに回転させる曲線

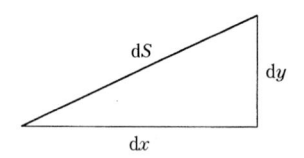

図 4.7 曲線の微小区間の長さ

式 (4.43) を変形すると

$$dS = \sqrt{1+\left(\frac{dy}{dx}\right)^2}\,dx = \sqrt{1+(y')^2}\,dx \tag{4.44}$$

を得る.曲線と x 軸との距離は y なので,表面積 $I[y]$ は次式で与えられる.

$$I[y] = \int_{x_0}^{x_1} 2\pi y\sqrt{1+(y')^2}\,dx \tag{4.45}$$

簡単のため係数 2π を省略し,

$$I[y] = \int_{x_0}^{x_1} F\,dx, \qquad F = y\sqrt{1+(y')^2} \tag{4.46}$$

とすると,汎関数の被積分項が x の陽な関数を含まないので,オイラーの方程式は式 (4.39) のとおり $F - y'F_{y'} = C_1$ (C_1 は定数) であり,

$$y\sqrt{1+(y')^2} - \frac{y(y')^2}{\sqrt{1+(y')^2}} = C_1 \tag{4.47}$$

を得る.式 (4.47) は,

$$\frac{y}{\sqrt{1+(y')^2}} = C_1 \tag{4.48}$$

のように変形できる.

式 (4.48) の一般解は,次のように与えられる.

$$y = C_1 \cosh\frac{x - C_2}{C_1} \tag{4.49}$$

ここで,C_2 は定数であり,式変形の詳細は付録1を参照すること.

式 (4.49) のような曲線を **懸垂線** (catenary) といい,積分定数 C_1,C_2 は,両端の点 (x_0, y_0),(x_1, y_1) を通るという境界条件より決定される.

例題 4.4 図 4.8 に示すように,平面内の点 $(0, 0)$ から (x_1, y_1) へ,初速度 0 で,重力の作用のもとで最も早く到達する曲線(最速降下線)$y(x)$ を求める.すなわち,$y(x)$ で定められる斜面の上端にボールをおいて転がした

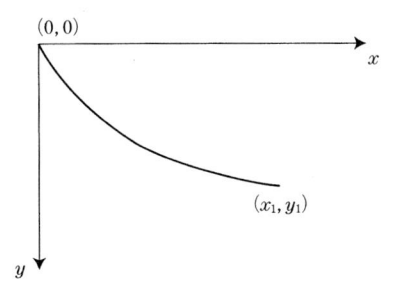

図 4.8 最速降下線

とき,下端に達するまでの時間を最小化するような $y(x)$ の形状を求める.

重力加速度を g とすると,ボールの質量にかかわらず,速度は $v=\sqrt{2gy}$ である.x の微小区間 $\mathrm{d}x$ での曲線の長さは,懸垂線のときと同様に式 (4.44) より $\mathrm{d}S=\sqrt{1+(y')^2}\mathrm{d}x$ である.簡単のため $\sqrt{2g}=1$ とすると,(0, 0) から $(x_1,\ y_1)$ に達するまでに要する時間は,微小区間の長さを速度で割って積分すればよいので,

$$I[y]=\int_0^{x_1}\frac{\sqrt{1+(y')^2}}{\sqrt{y}}\mathrm{d}x \tag{4.50}$$

である.$F=\sqrt{1+(y')^2}/\sqrt{y}$ とすると,汎関数が x の陽な関数を含まないので,オイラーの方程式は C_1 を定数として $F-y'F_{y'}=C_1$ となり,次式で表される.

$$\frac{\sqrt{1+(y')^2}}{\sqrt{y}}-\frac{(y')^2}{\sqrt{y[1+(y')^2]}}=C_1 \tag{4.51}$$

式 (4.51) は次のように変形できる.

$$\frac{1}{\sqrt{y[1+(y')^2]}}=C_1 \tag{4.52}$$

さらに,$C_2=1/C_1$ とすると,

$$\sqrt{y[1+(y')^2]}=C_2 \tag{4.53}$$

となる.

式 (4.53) の一般解は,媒介変数 t_1 を用いて次のように書ける.

$$x=\frac{C_3}{2}(t_1-\sin t_1),\qquad y=\frac{C_3}{2}(1-\cos t_1) \tag{4.54}$$

ここで，$C_3=(C_2)^2$であり，式変形の詳細は付録2を参照すること．積分定数C_3は，曲線が(x_1, y_1)を通る条件から求められる．このような曲線を**サイクロイド**（cycroid）といい，自転車の車輪を転がしたときに，車輪上の1つの点が描く軌跡を表している．

4.4 第 2 変 分

再び，式(4.12)で定義される汎関数$I[y]$を考える．ここで，$p(x)>0$，$q(x)\geq 0$とする．$I[y+\alpha\eta]-I[y]$をΔIとすると，式(4.19)より次式を得る．

$$\Delta I=\alpha\int_{x_0}^{x_1}(2py'\eta'+2qy\eta+2r\eta)\mathrm{d}x+\alpha^2\int_{x_0}^{x_1}(p\eta'^2+q\eta^2)\mathrm{d}x \quad (4.55)$$

式(4.55)の右辺第1項は第1変分であり，前節で示したように，$\eta(x)$が境界条件式(4.14)を満たし，yがオイラーの方程式(4.25)を満たすとき0である．さらに，$p(x)>0$，$q(x)\geq 0$なので，恒等的に0ではない任意の関数$\eta(x)$に対して式(4.55)の右辺第2項は正であり，$\Delta I\geq 0$となる．ゆえに，この場合には，$y(x)$は$I[y]$を極小にする関数であるといえる．

一般に，次のような形式の汎関数を考える．

$$I[y]=\int_{x_0}^{x_1}F[x,y,y']\mathrm{d}x \quad (4.56)$$

yの変分を$\alpha\eta$で表し，$I[y+\alpha\eta]$をαに関してテイラー展開して2次の項までとると，

$$\Delta I=\alpha\int_{x_0}^{x_1}(F_y\eta+F_{y'}\eta')\mathrm{d}x+\frac{\alpha^2}{2}\int_{x_0}^{x_1}(F_{yy}\eta^2+2F_{yy'}\eta\eta'+F_{y'y'}\eta'^2)\mathrm{d}x \quad (4.57)$$

となる．式(4.55)あるいは式(4.57)の右辺第2項を**第2変分**（second variation）といい，$\delta^2 I$と書く．第2変分が正あるいは負のときの$I[y+\alpha\eta]$とαの関係は図4.9のようになる．$\alpha\eta$をδyとおけば，

$$\delta^2 I=\frac{1}{2}\int_{x_0}^{x_1}(F_{yy}\delta y^2+2F_{yy'}\delta y\delta y'+F_{y'y'}\delta y'^2)\mathrm{d}x \quad (4.58)$$

となる．

一般に，停留条件を満たす関数がIの極小値を与えるための必要十分条件

4.4 第 2 変分

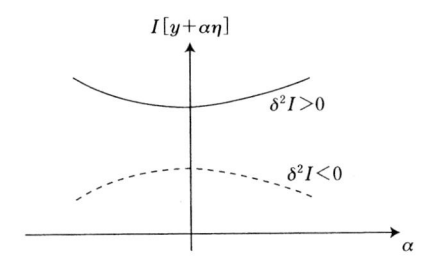

図 4.9 第 2 変分が正あるいは負のときの α と $I[y+\alpha\eta]$ の関係

は次のようになる．
$$\delta I=0, \qquad \delta^2 I \geq 0 \tag{4.59}$$
ただし，極小であっても最小とは限らないことに注意する．

例えば，図 4.2 で示した分布軸力 $q(x)$ の作用を受ける棒では，全ポテンシャルエネルギーである汎関数 $\Pi[u]$ は式 (4.40) で定義され，第 2 変分は次式で与えられる．
$$\delta^2 \Pi = \frac{1}{2}\int_0^L AE(\delta u')^2 dx \tag{4.60}$$
したがって，$AE>0$ のとき第 2 変分は正である．AE は棒の単位長さあたりの伸び剛性であり，剛性が正ならば釣合い状態（オイラーの方程式を満たす停留解）は安定である．このように，力学の問題では，第 2 変分は安定性と関係している．

釣合い状態の安定性について理解するために，エネルギーが汎関数ではなく関数として与えられる場合を考えてみる．図 4.10 は，質点の釣合い状態の安定性を模式的に示したものである．ここで，縦軸は全ポテンシャルエネルギーであるが，位置エネルギーであると思ってもよい．横軸は変位の大きさを表す

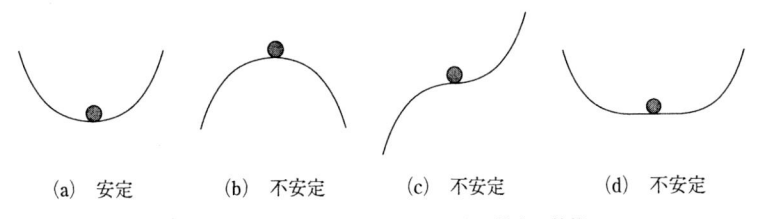

(a) 安定　　(b) 不安定　　(c) 不安定　　(d) 不安定

図 4.10 安定な釣合い状態と不安定な釣合い状態

パラメータである．釣合い状態は，エネルギーの変位に関する停留条件で与えられるから，(a)-(d) のすべてで釣合っている．(a) では，エネルギーの変位に関する2階微分が正なので，剛性が正の状態に対応し，釣合い状態は安定である．実際に，釣合い状態にある質点に微小な攪乱を与えても，質点は釣合い状態の近傍にとどまる．(b) では2階微分が負なので不安定である．一方，(c)，(d) のいずれも，2階微分は0である．(c) では3階微分が0でないので，釣合い状態は不安定である．(d) では，高階の微分係数がすべて0なので，質点に微小な攪乱を与えたとき，質点は釣合い状態の近傍にとどまることができず，この状態も不安定である．

4.5 境 界 条 件

4.4節では，次のような汎関数を最小化するための必要条件を導いた．

$$I[y] = \int_{x_0}^{x_1} [p(y')^2 + qy^2 + 2ry] \mathrm{d}x \tag{4.61}$$

$I[y]$ の第1変分を再掲すると次のようになる．

$$\delta I = 2[py'\delta y]_{x_0}^{x_1} - 2\int_{x_0}^{x_1} \left[\frac{\mathrm{d}}{\mathrm{d}x}(py') - qy - r\right] \delta y \mathrm{d}x \tag{4.62}$$

ここで，境界条件

$$y(x_0) = y_0, \qquad y(x_1) = y_1 \tag{4.63}$$

が与えられているとき，

$$\delta y(x_0) = \delta y(x_1) = 0 \tag{4.64}$$

なので，式 (4.62) の境界項は0となる．

境界 $x = x_0$, x_1 において，y の値が指定されない問題を**自由境界** (free boundary) 問題という．このとき，境界で $\delta y \neq 0$ であってもよく，$p(x)$ が境界で0でないものとすると，

$$y'(x_0) = y'(x_1) = 0 \tag{4.65}$$

が成立しなければならない．このような条件は，第1変分が0となるための条件から必然的に導かれるため，**自然境界条件** (natural boundary condition) という．一方，$y(x_0) = y(x_1) = 0$ のように，許容関数が満たすべき条件として

与えられる条件を**束縛条件**（constraint condition）あるいは基本境界条件という．

例題 4.5　図 4.11 に示すような，分布外力 $q(x)$ の作用を受ける梁を考える．軸方向座標を x，軸と直交する方向の座標を y とし，$x=0$ で支持されている．y 軸方向の変位を $v(x)$，ヤング係数を E，断面 2 次モーメントを I，部材長を L とすると，全ポテンシャルエネルギーは次のように書ける．

$$\Pi[v] = \int_0^L \left[\frac{1}{2}EI(v'')^2 - qv\right]dx \qquad (4.66)$$

第 1 変分は次のようになる．

$$\delta\Pi = \int_0^L (EIv''\delta v'' - q\delta v)dx$$
$$= [EIv''\delta v']_0^L + \int_0^L (-EIv'''\delta v' - q\delta v)dx$$
$$= [EIv''\delta v']_0^L - [EIv'''\delta v]_0^L + \int_0^L (EIv'''' - q)\delta v\,dx \qquad (4.67)$$

第 1 変分が 0 となるためのオイラーの方程式より，釣合い式

$$EIv'''' - q = 0 \qquad (4.68)$$

が得られる．また，式（4.67）の境界項が 0 となるためには，

$$v''\delta v' = 0, \qquad v'''\delta v = 0 \qquad (4.69)$$

が $x=0$, L で成立しなければならない．図 4.11 に示したような片持梁では，$x=0$ において $v=v'=0$ なので，変分 δv についても $\delta v = \delta v' = 0$ となり，$x=0$ において式（4.69）は成立する．力学の問題では，このような条件を**変位境界条件**（displacement boundary condition）という．

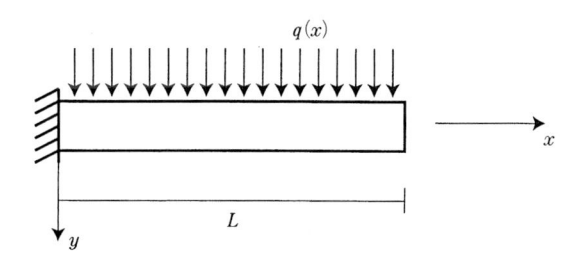

図 4.11　分布外力を受ける梁

$x=L$ では δv と $\delta v'$ は 0 とは限らないので,自然境界条件 $v''=v'''=0$ が得られる.このような条件を,**力学的境界条件**(mechanical boundary condition)といい,先端に集中荷重と集中モーメントが存在しないときには,せん断力と曲げモーメントが 0 にならなければならないことを意味している.

両端をピン支持された単純梁では,$x=0$,L において $\delta v=0$ なので,自然境界条件は $x=0$,L において $v''=0$ となる.

4.6 付帯条件

平面内で長さが与えられた閉曲線によって囲まれる面積を最大化する問題のように,境界条件以外に束縛条件(あるいは制約条件)をもつ変分問題を,**付帯条件**(subsidiary condition)付き変分問題という.

一般に,x の閉区間 $x_0 \le x \le x_1$ で定義された関数 $G(x,y,y')$ の積分値を一定とする条件

$$\int_{x_0}^{x_1} G(x,y,y')\,\mathrm{d}x = C \tag{4.70}$$

の下で,汎関数

$$I[y] = \int_{x_0}^{x_1} F(x,y,y')\,\mathrm{d}x \tag{4.71}$$

を最大化,あるいは最小化するような曲線 y を求める問題を**等周問題**(isoperimetric problem)という.

いま,境界条件

$$y(x_0)=y_0, \qquad y(x_1)=y_1 \tag{4.72}$$

が与えられたものとし,停留関数を $y(x)$ とする.また,区間 $x_0 \le x \le x_1$ で連続微分可能な関数を $\eta(x)$,$\zeta(x)$ とし,これらの関数は境界条件

$$\eta(x_0)=\eta(x_1)=\zeta(x_0)=\zeta(x_1)=0 \tag{4.73}$$

を満たすものとする.

α_1,α_2 をパラメータとし,y の近傍の比較関数を次式で与える.

$$y+\delta y = y + \alpha_1 \eta + \alpha_2 \zeta \tag{4.74}$$

また,$I_1(\alpha_1,\alpha_2)$ と $I_2(\alpha_1,\alpha_2)$ を次式で定義する.

4.6 付帯条件

$$I_1(\alpha_1,\alpha_2)=\int_{x_0}^{x_1}F(x,y+\alpha_1\eta+\alpha_2\zeta,y'+\alpha_1\eta'+\alpha_2\zeta')\mathrm{d}x \quad (4.75)$$

$$I_2(\alpha_1,\alpha_2)=\int_{x_0}^{x_1}G(x,y+\alpha_1\eta+\alpha_2\zeta,y'+\alpha_1\eta'+\alpha_2\zeta')\mathrm{d}x-C \quad (4.76)$$

ラグランジュ乗数（Lagrange multiplier）を λ とし，次のような**ラグランジアン**（Lagrangian）（あるいは**ラグランジュ関数**（Lagrange function））を定義する．

$$L(\alpha_1,\alpha_2;\lambda)=I_1(\alpha_1,\alpha_2)+\lambda I_2(\alpha_1,\alpha_2) \quad (4.77)$$

ラグランジュ乗数法によると，制約条件式（4.70）の下で汎関数（4.71）が最小あるいは最大となるための必要条件として，次の条件が導かれる．

$$\left[\frac{\partial}{\partial \alpha_1}L(\alpha_1,\alpha_2;\lambda)\right]_{\alpha_1=\alpha_2=0}=0 \quad (4.78)$$

$$\left[\frac{\partial}{\partial \alpha_2}L(\alpha_1,\alpha_2;\lambda)\right]_{\alpha_1=\alpha_2=0}=0 \quad (4.79)$$

ラグランジュ乗数法の詳細については，数理計画法の教科書などを参考にすること[6,7]．

詳細は省略するが，束縛条件のない問題でのオイラーの方程式の導出と同様の手続を行うと，式（4.75）-（4.79）より，

$$\int_{x_0}^{x_1}(F_y\eta+F_{y'}\eta')\mathrm{d}x+\lambda\int_{x_0}^{x_1}(G_y\eta+G_{y'}\eta')\mathrm{d}x=0 \quad (4.80)$$

$$\int_{x_0}^{x_1}(F_y\zeta+F_{y'}\zeta')\mathrm{d}x+\lambda\int_{x_0}^{x_1}(G_y\zeta+G_{y'}\zeta')\mathrm{d}x=0 \quad (4.81)$$

が得られる．さらに，部分積分を実行して η と ζ の境界条件（4.73）を用いると，次の各式が導かれる．

$$\int_{x_0}^{x_1}\left[\frac{\mathrm{d}}{\mathrm{d}x}(F_{y'})-F_y\right]\eta\mathrm{d}x+\int_{x_0}^{x_1}\lambda\left[\frac{\mathrm{d}}{\mathrm{d}x}(G_{y'})-G_y\right]\eta\mathrm{d}x=0 \quad (4.82)$$

$$\int_{x_0}^{x_1}\left[\frac{\mathrm{d}}{\mathrm{d}x}(F_{y'})-F_y\right]\zeta\mathrm{d}x+\int_{x_0}^{x_1}\lambda\left[\frac{\mathrm{d}}{\mathrm{d}x}(G_{y'})-G_y\right]\zeta\mathrm{d}x=0 \quad (4.83)$$

境界条件を満たす関数 η と ζ は任意なので，式（4.82）と式（4.83）からは同一の条件が導かれ，次のようなオイラーの方程式を得る．

$$\left[\frac{\mathrm{d}}{\mathrm{d}x}(F_{y'})-F_y\right]+\lambda\left[\frac{\mathrm{d}}{\mathrm{d}x}(G_{y'})-G_y\right]=0 \quad (4.84)$$

すなわち，

$$H = F + \lambda G \tag{4.85}$$

とすると，式 (4.84) は次のように書ける．

$$\frac{\mathrm{d}}{\mathrm{d}x}(H_{y'}) - H_y = 0 \tag{4.86}$$

式 (4.86) および束縛条件 (4.70) から，関数 y とラグランジュ定数 λ を求めることができる．

例題 4.6 図 4.12 に示すように，2 つの柱上の点 (x_0, y_0) および (x_1, y_1) の間に長さの定められたケーブルを垂らしたときの形状を求める問題を考える．建築の分野では，ケーブル構造物を構成する各ケーブル部材の釣合い形状を求める問題である．

x の微小区間でのケーブルの長さ $\mathrm{d}S$ は，例題 4.3 と同様にして $\mathrm{d}S = \sqrt{1+(y')^2}\mathrm{d}x$ で表される．ケーブルの単位長さあたりの重量を ρ とし，図 4.12 に示すように下向きに y 軸をとると，ケーブル全体の位置エネルギーは

$$I[y] = \rho \int_{x_0}^{x_1} y\sqrt{1+(y')^2}\,\mathrm{d}x \tag{4.87}$$

である．また，ケーブルの長さの指定値を D とすると，

$$\int_{x_0}^{x_1} \sqrt{1+(y')^2}\,\mathrm{d}x = D \tag{4.88}$$

なので，ラグランジアンを次式で定義する．

$$L[y] = \rho \int_{x_0}^{x_1} y\sqrt{1+(y')^2}\,\mathrm{d}x + \lambda \left[\int_{x_0}^{x_1} \sqrt{1+(y')^2}\,\mathrm{d}x - D\right] \tag{4.89}$$

式 (4.89) を変形すると，

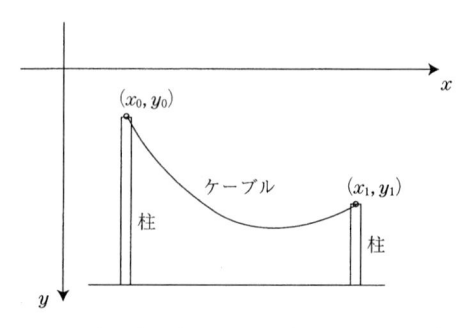

図 4.12 柱の間に垂らしたケーブルの形状（懸垂線）

$$L[y] = \int_{x_0}^{x_1} (\rho y + \lambda) \sqrt{1 + (y')^2}\, dx - \lambda D \tag{4.90}$$

となる．

式 (4.90) の被積分関数を F とすると，F は x の陽な関数を含まないので，オイラーの方程式は C_1 を定数として $F - y' F_{y'} = C_1$ で与えられ，次式を得る．

$$(\rho y + \lambda)\sqrt{1 + (y')^2} - y'\left[\frac{\rho y y' + \lambda y'}{\sqrt{1+(y')^2}}\right] = C_1 \tag{4.91}$$

式 (4.91) は簡単に次のように書ける．

$$\frac{y + (\lambda/\rho)}{\sqrt{1+(y')^2}} = C_2 \tag{4.92}$$

ここで，$C_2 = C_1/\rho$ である．

例題 4.3 での式 (4.48) の y を $y + (\lambda/\rho)$ で置き換えると式 (4.92) になるので，例題 4.3 と同様にして次のような懸垂線の一般解を得る．

$$\rho y + \lambda = C_2 \cosh\left(\frac{\rho x}{C_2} + C_3\right) \tag{4.93}$$

両端での境界条件とケーブルの長さに関する付帯条件式 (4.88) によりラグランジュ乗数 λ と積分定数 C_2，C_3 を決定することができる．

4.7 直 接 法

オイラーの方程式を導かずに，関数の自由度を制限して離散化し，汎関数の停留条件の離散化表現を導いて停留解の近似解を求める方法を，**直接法** (direct method) と総称する．

境界条件

$$y(x_0) = y_0, \qquad y(x_1) = y_1 \tag{4.94}$$

の下で汎関数 $I[y]$ を最小化する問題を考える．まず，境界条件 (4.94) を満たす連続微分可能な関数を $\phi_0(x)$ とする．$\phi_0(x)$ には，例えば図 4.13 の直線で示したような関数を用いることができる．さらに，同次境界条件を満たす n 個の連続微分可能な関数列

$$\phi_k(x_0) = \phi_k(x_1) = 0, \qquad (k = 1, \cdots, n) \tag{4.95}$$

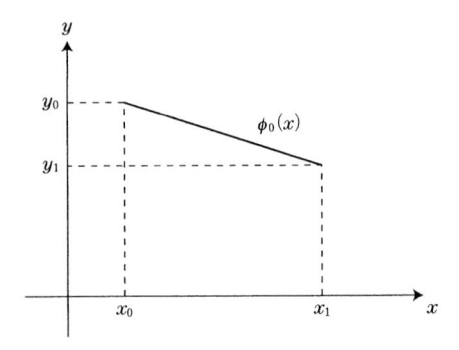

図 4.13 境界条件を満たす関数

および係数 $\{a_k\}$ を用いて，関数 $y(x)$ を

$$y_n(x) = \phi_0(x) + \sum_{k=1}^{n} a_k \phi_k(x) \tag{4.96}$$

によって近似する．n を無限に大きくすれば，境界条件 (4.94) を満たす任意の連続微分可能な関数に収束するような関数列 (4.96) を作ることが可能であることが知られている．このような性質を**完備性** (completeness) といい，完備性を満たす $\{\phi_k(x)\}$ を**完全関数系** (complete system of functions) という．変分法では，関数系 $\{\phi_k\}$ を**基底関数** (basis function) という．完全関数系の代表例は，フーリエ級数で用いられる三角関数列である．式 (4.96) より，導関数 $y'(x)$ は

$$y'_n(x) = \phi'_0(x) + \sum_{k=1}^{n} a_k \phi'_k(x) \tag{4.97}$$

によって近似できる．以下では，$\phi_k(x)$ および $y(x)$ の引数 x は省略する．

簡単のため，境界条件 (4.94) の下で汎関数

$$I[y] = \int_{x_0}^{x_1} [p(y')^2 + qy^2 + 2ry] \mathrm{d}x \tag{4.98}$$

を最小化する y を求める問題を考える．$l = x_1 - x_0$ とし，境界条件 (4.94) を満たす許容関数の集合を，係数 a_k をパラメータとした三角関数列として次のように表す．

$$y_n = \frac{x_1 - x}{l} y_0 + \frac{x - x_0}{l} y_1 + \sum_{k=1}^{n} a_k \sin \frac{k\pi(x - x_0)}{l} \tag{4.99}$$

このとき，

$$y'_n(x) = \frac{y_1 - y_0}{l} + \sum_{k=1}^{n} a_k \left(\frac{k\pi}{l}\right) \cos\frac{k\pi(x-x_0)}{l} \qquad (4.100)$$

であり，式 (4.99) および式 (4.100) を式 (4.98) に代入して積分を実行すると，$I[y]$ の y に関する停留条件は，$I[y_n]$ の $\{a_k\}$ に関する微分係数が 0 となる条件として以下のように表現できる．

$$\frac{\partial I[y_n]}{\partial a_1} = 0, \ \frac{\partial I[y_n]}{\partial a_2} = 0, \ \cdots, \ \frac{\partial I[y_n]}{\partial a_n} = 0 \qquad (4.101)$$

汎関数が式 (4.98) で定義されるとき，$I[y_n]$ は $\{a_k\}$ の 2 次関数であり，n 個の線形方程式 (4.101) を解いて $a_1, a_2, \cdots, a_n$ を求めることができる．

以上のように，変関数を離散化し，オイラーの方程式を求めずに汎関数の積分を実行し，その停留条件から直接解を求める方法を**リッツ法**（Ritz method）という．リッツ法では，オイラーの方程式を導く際に部分積分によって現れる境界項が 0 になる必要はなく，ϕ_k は束縛条件のみを満たせばよい（自然境界条件を満たした方が解の精度や収束性は向上するが，理論上は満たす必要はない）．また，部分積分を行わないので，被積分関数が y, y', x の関数のとき y'' は不要であり，y は 1 階微分可能であればよい．

リッツ法と同様に，変関数を離散化する方法として，**ガラーキン法**（Galerkin method）がある．境界条件 (4.94) の下で，汎関数 (4.98) を最小化する問題を再び考える．変関数 y を式 (4.96) で近似し，$I[y_n]$ の積分を実行せずに，$I[y_n]$ を a_k で形式的に微分して次のような式を導く．

$$\begin{aligned}
\frac{\partial I[y_n]}{\partial a_k} &= 2\int_{x_0}^{x_1} \left(py'_n\frac{\partial y'_n}{\partial a_k} + qy_n\frac{\partial y_n}{\partial a_k} + r\frac{\partial y_n}{\partial a_k}\right) \mathrm{d}x \\
&= 2\int_0^l (py'_n\phi'_k + qy_n\phi_k + r\phi_k)\mathrm{d}x \\
&= 0 \qquad (4.102)
\end{aligned}$$

式 (4.96)，(4.97) より，y_n および y'_n は $\{a_k\}$ の線形関数なので，n 個の線形連立方程式 (4.102) を解いて $\{a_k\}$ を求めることができる．

式 (4.102) を部分積分し，境界条件 $\phi_k(x_0) = \phi_k(x_1) = 0 \ (k=1,\cdots,n)$ を用いると境界項は 0 となるので，

$$\int_{x_0}^{x_1}\left[-\frac{\mathrm{d}}{\mathrm{d}x}(py'_n) + qy_n + r\right]\phi_k \mathrm{d}x = 0 \qquad (4.103)$$

が導かれる．式 (4.103) も $\{a_k\}$ に関する n 個の線形連立方程式であり，式 (4.103) を解いて $\{a_k\}$ を求めることができる．このように，汎関数を最小化するのではなく，式 (4.102) あるいは式 (4.103) を用いて，汎関数の停留原理として導かれるオイラーの方程式としての微分方程式の近似解を求める方法をガラーキン法という．

式 (4.103) の被積分関数において，x での微分を実行すると y_n'' が現われるので，y_n は2階微分可能でなければならない．式 (4.103) のような積分形式を**強形式**（strong form）という．それに対し，部分積分を行わないで式 (4.102) を用いると，y_n'' は不要なので，y は1階微分可能であればよい．このような積分形式を**弱形式**（weak form）という．

ガラーキン法では，ϕ_k を**試験関数**（test function）あるいは**重み関数**（weight function）ということもある．ところで，汎関数 $I[y]$ を最小化する問題ではなく，微分方程式

$$-\frac{\mathrm{d}}{\mathrm{d}x}(py') + qy + r = 0 \tag{4.104}$$

を解く問題が最初に与えられたと考えると，式 (4.103) は，微分方程式 (4.104) が領域内の至るところで成立するという条件を，関数 ϕ_k を重みとした誤差の積分が0になるという条件に緩めた式であると考えることもできる．このように，ガラーキン法は，単に微分方程式を解くための近似解法であると理解することもでき，重み付き残差法や有限要素法[8]の基礎をなす方法である．

リッツ法とガラーキン法の関係について，図 4.14 に示すような両端を固定された棒を用いて考えてみる．記号の定義は例題 4.2 と同じである．

全ポテンシャルエネルギーを再掲すると，

$$\Pi[u] = \int_0^L \left[\frac{1}{2}EA(u')^2 - qu\right]\mathrm{d}x \tag{4.105}$$

である．リッツ法では，関数列 $\phi_k(k=1,\cdots,n)$ で u を次のように近似する．

$$u = \sum_{k=1}^n a_k \phi_k \tag{4.106}$$

ここで，ϕ_k は境界条件 $\phi_k(0) = \phi_k(L) = 0$ を満たすものとし，式 (4.106) の u を式 (4.105) に代入して Π を停留させるような係数 $a_k(k=1,\cdots,n)$ を求

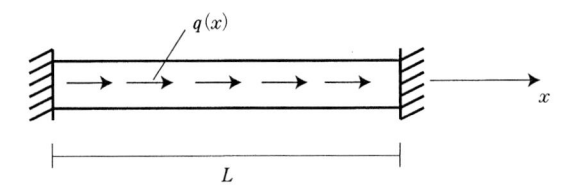

図 **4.14** 軸力を受ける棒（両端固定）

める．

Π の第1変分は次のようになる．

$$\delta\Pi = \int_0^L (EAu'\delta u' - q\delta u)\,\mathrm{d}x \tag{4.107}$$

δu は変位境界条件 $\delta u(0)=\delta u(L)=0$ を満たす任意の関数であり，$\delta u = w$ とすると，式 (4.107) は

$$\delta\Pi = \int_0^L (EAu'w' - qw)\,\mathrm{d}x = 0 \tag{4.108}$$

のようになる．すなわち，Π を最小化することと，変位境界条件を満たす任意の w に対して式 (4.108) が成立するような u を求めることは同値であり，式 (4.108) を用いる方法をリッツ・ガラーキン法ということもある．

式 (4.108) を部分積分すると，次式を得る．

$$\delta\Pi = [EAu'w]_0^L - \int_0^L (EAu'' + q)w\,\mathrm{d}x = 0 \tag{4.109}$$

したがって，Π を最小化することと，変位境界条件を満たす任意の w に対して式 (4.109) が成立するような u を求めることは同値である．図 4.14 の例では，両端固定なので式 (4.109) の右辺第1項は0になり，変位境界条件を満たす任意の w に対して式 (4.109) を満たすことは，釣合い式

$$EAu'' + q = 0 \tag{4.110}$$

に重み関数 $w(x)$ を乗じて積分した量が任意の w に対して0となることと同値である．

逆に，微分方程式 (4.110) を，境界条件 $u(0)=u(L)=0$ の下で解く問題が与えられたものとする．このとき，境界条件 $\phi_k(0)=\phi_k(L)=0$ を満たす ϕ_k を用いて u を式 (4.106) で近似する．w に対しても $\phi_k(k=1,\cdots,n)$ を用いると，式 (4.109) の境界項がすべて0になる．したがって，$w=\phi_k(k=$

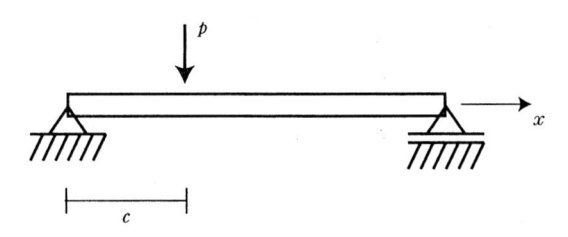

図4.15 集中荷重を受ける梁

$1,\cdots,n$) に対して式 (4.109) が成立するような係数 a_k と,式 (4.110) をオイラーの方程式とするような汎関数 Π の停留関数をリッツ法を用いて導いたときの a_k は一致する.

例題 4.7 図 4.15 に示すような梁の近似たわみ曲線を,リッツ法で求めてみる.梁は $x=0, L$ でピン支持されており,$x=c$ に集中荷重 p が作用するものとする.また,ヤング係数を E,断面 2 次モーメントを I とする.

たわみ曲線 $v(x)$ を次式で近似する.

$$v(x)=\sum_{k=1}^{n} a_k \sin\frac{k\pi x}{L} \tag{4.111}$$

全ポテンシャルエネルギーは次式で与えられる.

$$\begin{aligned}I[v]&=\frac{1}{2}\int_0^L EI(v'')^2 dx - pv(c)\\&=\frac{\pi^4 EI}{4L^3}[(a_1)^2+2^4(a_2)^2+\cdots+n^4(a_n)^2]\\&\quad -p\left(a_1\sin\frac{\pi c}{L}+\cdots+a_n\sin\frac{n\pi c}{L}\right)\end{aligned} \tag{4.112}$$

$I[v]$ の a_k に関する停留条件より次式が得られる.

$$a_k=\frac{2pL^3}{\pi^4 EI k^4}\sin\frac{k\pi c}{L} \tag{4.113}$$

例題 4.8 梁の自由振動の固有値問題をリッツ法(レイリー・リッツ法)によって解いてみる.梁の単位長さあたりの質量を ρ,ヤング係数を E,断面 2 次モーメントを I,固有振動モードを $\phi(x)$ とする.また,$\phi(x)$ に対応するひずみエネルギーと運動エネルギーをそれぞれ S および V とすると,

4.7 直 接 法

$$S = \frac{1}{2}\int_0^L EI(\psi'')^2 \mathrm{d}x \tag{4.114}$$

$$V = \frac{1}{2}\int_0^L \rho\psi^2 \mathrm{d}x \tag{4.115}$$

である．

自由振動の問題では，次式で定められるレイリー商 Ω が，静的問題での全ポテンシャルエネルギーと同じ役割を果たすことが知られている．

$$\Omega[\psi] \equiv \frac{S}{V} = \frac{\int_0^L EI(\psi'')^2 \mathrm{d}x}{\int_0^L \rho\psi^2 \mathrm{d}x} \tag{4.116}$$

まず，レイリー商の停留原理から自由振動の方程式を導く．ψ の正規化条件を

$$\int_0^L \rho\psi^2 \mathrm{d}x = 1 \tag{4.117}$$

で与えると，$\Omega[\psi]$ の停留条件は次のように書ける．

$$\int_0^L (EI\psi''\delta\psi'' - \rho\Omega\psi\delta\psi)\mathrm{d}x = 0 \tag{4.118}$$

ここで，正規化条件 (4.117) は，停留条件を導く前ではなく，導いた後に用いることに注意する．

式 (4.118) の部分積分を実行すると，

$$[EI\psi''\delta\psi']_0^L - [EI\psi'''\delta\psi]_0^L + \int_0^L (EI\psi'''' - \rho\Omega\psi)\delta\psi \mathrm{d}x = 0 \tag{4.119}$$

となり，オイラーの方程式より自由振動の運動方程式

$$EI\psi'''' - \rho\Omega\psi = 0 \tag{4.120}$$

が導かれる．ここで，Ω は固有値（固有円振動数の2乗）である．

次に，微分方程式を解かずに，直接，式 (4.116) の積分を行って，近似解を求めてみる（レイリー・リッツ法）．両端単純支持の梁を想定し，変位境界条件を満たす近似関数として，

$$\psi(x) = \sum_{k=1}^n a_k \sin\frac{k\pi x}{L} \tag{4.121}$$

を用いると，

$$\phi''(x) = -\sum_{k=1}^{n}\left(\frac{k\pi}{L}\right)^2 a_k \sin\frac{k\pi x}{L} \tag{4.122}$$

である.式 (4.121), (4.122) を式 (4.114), (4.115) に代入すると, S と V は a_k の2次関数となり, a_k を並べたベクトルを $\boldsymbol{a}$ とすると, Ω の近似値 $\Omega^*(\boldsymbol{a})$ は, S, V の近似値 $S^*(\boldsymbol{a})$, $V^*(\boldsymbol{a})$ を用いて

$$\Omega^*(\boldsymbol{a}) = \frac{S^*(\boldsymbol{a})}{V^*(\boldsymbol{a})} \tag{4.123}$$

のように書ける.ここで,

$$K_{ij} = \frac{\partial^2 S^*}{\partial a_i \partial a_j}, \qquad M_{ij} = \frac{\partial^2 V^*}{\partial a_i \partial a_j} \tag{4.124}$$

とし, (i, j) 成分が K_{ij}, M_{ij} であるような行列を $\boldsymbol{K}$, $\boldsymbol{M}$ とすると, Ω^* を $\boldsymbol{a}$ で微分することにより,次式を得る.

$$\boldsymbol{Ka} - \Omega^*\boldsymbol{Ma} = \boldsymbol{0} \tag{4.125}$$

ここで, $\boldsymbol{K}$ および $\boldsymbol{M}$ は一般化された剛性行列および質量行列であり,固有値問題 (4.125) を解いて,近似固有モードの係数ベクトル $\boldsymbol{a}$ と近似固有値 Ω^* が得られる.

例題 4.10 次の微分方程式をリッツ法で解く.

$$2y'' + 2x^2y - x = 0, \qquad y(0) = y(1) = 0 \tag{4.126}$$

微分方程式 (4.126) は,次の汎関数に対するオイラーの方程式になっている.

$$I[y] = \int_0^1 [(y')^2 - x^2y^2 + xy]\mathrm{d}x \tag{4.127}$$

近似解として

$$y = x(x-1)(C_0 + C_1 x) \tag{4.128}$$

を与えると,

$$y' = 3C_1 x^2 + 2(C_0 - C_1)x - C_0 \tag{4.129}$$

である.式 (4.127) の積分を実行すると,

$$I[y] = \frac{163}{1260}(C_1)^2 + \frac{9}{28}C_0 C_1 + \frac{34}{105}(C_0)^2 - \frac{1}{12}C_0 - \frac{1}{20}C_1 \tag{4.130}$$

となり, C_0 および C_1 に関する $I[y]$ の停留条件より

─ 最小原理の魅力 ─

　本章では，力学の基礎となる釣合い式が，全ポテンシャルエネルギー停留の原理という最小原理から導かれることを学んだ．もちろん，得られた式は構造力学の入門書に書かれているとおり，微小要素の力の釣合いを用いて導かれる式に一致する．動的な問題でも，全ポテンシャルエネルギーに加えて運動エネルギーも考慮した「運動ポテンシャル」の停留原理（ハミルトンの原理，あるいは保存力を受ける場合は最小作用の原理）から，運動方程式を導くことができる[13]．このように，基礎式がまったく異なる2つの考え方から導かれることは非常に興味深いことである．

　例えば，板の曲げ変形の問題では，基礎式を直接解く方法，第2章で学んだフーリエ級数による方法，変分法を基礎とする有限要素法，境界要素法，あるいは全ポテンシャルエネルギーを直接最小化する方法など，多くの方法があり，精度の違いはあるが，それらを用いて同じ解を得ることができる．このようなことから，力学の基礎となる数学に対する興味が広がっていくことを期待する．

　「原理」は力学の用語であり，「明らかに成立するであろうと考えられる法則」と解釈される．したがって，無批判で認められるべき数学の「公理」とは異なり，単なる予想であるともいえる．しかし，「最小原理」には，公理にも似た美しさが存在し，「釣合い式が先か，最小原理が先か」というような，ニワトリとタマゴの話を考えてみるのも興味深い．

$$C_0 = \frac{2905}{33997}, \quad C_1 = \frac{2961}{33997} \tag{4.131}$$

を得る．

例題 4.11　次の微分方程式（第1種ベッセルの微分方程式）をガラーキン法で解く．

$$x^2 y'' + xy' + (x^2 - 1)y = 0, \quad y(1) = y(3) = 2 \tag{4.132}$$

境界条件を満たす近似解を次式で定める．

$$y = C_1 \phi_1 + \phi_0 = C_1(x-1)(x-3) + 2 \tag{4.133}$$

ϕ_1 を重み関数とすると，

$$\int_1^3 [x^2 y'' + xy' + (x^2 - 1)y] \phi_1 dx = 0 \tag{4.134}$$

より，

$$\int_1^3 [C_1(x^4-2x^3+2x^2-3)-2](x-1)(x-3)\,dx=0 \tag{4.135}$$

が成立しなければならない．式 (4.135) の積分を実行すると，

$$C_1=\frac{112}{9} \tag{4.136}$$

を得る．

■**付録1** 例題 4.3 の解の導出

式 (4.48) を満たす解を導くため，x，y を媒介変数 t の双曲線関数で表す．微分方程式 (4.48) は非線形なので，一般的な解法は存在せず，解を仮定して微分方程式と境界条件を満たすことを示せば十分である．双曲線関数 $\sinh t$ および $\cosh t$ は，指数関数 e^t を用いて

$$\sinh t=\frac{e^t-e^{-t}}{2},\qquad \cosh t=\frac{e^t+e^{-t}}{2} \tag{4.137}$$

で定義される．式 (4.137) より，

$$\cosh^2 t-\sinh^2 t=1,\qquad \frac{d}{dt}\cosh t=\sinh t \tag{4.138}$$

を導くことができる．そこで，

$$y'=\sinh t \tag{4.139}$$

とし，これを式 (4.48) に代入して式 (4.138) を用いると，

$$\begin{aligned} y &= C_1\sqrt{1+\sinh^2 t} \\ &= C_1\cosh t \end{aligned} \tag{4.140}$$

となる．

式 (4.138)，(4.140) より

$$dy=C_1\sinh t\,dt \tag{4.141}$$

である．さらに，

$$dx=\frac{dy}{y'} \tag{4.142}$$

なので，式 (4.139) を用いると

$$dx=\frac{dy}{\sinh t} \tag{4.143}$$

である．式 (4.141)，(4.143) より次式を得る．

$$dx = C_1 dt \tag{4.144}$$

式 (4.141), (4.144) の両辺を積分すると,

$$y = C_1 \cosh t, \qquad x = C_1 t + C_2 \tag{4.145}$$

を得る. 式 (4.145) より t を消去すると

$$y = C_1 \cosh \frac{x - C_2}{C_1} \tag{4.146}$$

が得られる.

■**付録 2 例題 4.4 の解の導出**

例題 4.3 と同様にして, 媒介変数 t を用いて解を求める. $y' = \cot t$ とすると, 式 (4.53) より

$$\begin{aligned} y &= \frac{(C_2)^2}{1 + \cot^2 t} \\ &= (C_2)^2 \sin^2 t \\ &= \frac{(C_2)^2}{2} (1 - \cos 2t) \end{aligned} \tag{4.147}$$

である. したがって, $C_3 = (C_2)^2$ とすると,

$$dy = 2 C_3 \sin t \cos t \, dt \tag{4.148}$$

であり, $dx = dy/y'$ に式 (4.148) を用いると

$$dx = \frac{dy}{y'} = C_3 (1 - \cos 2t) dt \tag{4.149}$$

を得る. 式 (4.148) の両辺を積分すると

$$x = C_3 \left(t - \frac{\sin 2t}{2} \right) + C_4 \tag{4.150}$$

となる.

式 (4.147) より, $t = 0$ のとき $y = 0$ であり, 曲線が $(0, 0)$ を通るので, 式 (4.150) において $C_4 = 0$ である. さらに, 表現を簡単にするため, $t_1 = 2t$ とすると, 式 (4.147) および式 (4.150) より

$$x = \frac{C_3}{3} (t_1 - \sin t_1), \qquad y = \frac{C_3}{3} (1 - \cos t_1) \tag{4.151}$$

が得られる.

演 習 問 題

4.1 例題 4.5 において,$q=ax$ のときの曲線 $v(x)$ を求めよ. ここで,$v(0)=v'(0)=0$ とする.

4.2 例題 4.6 において,$x_0=-L/2$, $x_1=L/2$, $y_0=y_1=0$ のとき,積分定数 C_2 を求めよ.また,λ を C_1 を用いて表し,C_1 を求めるための式を導け.さらに,曲線形状と ρ との関係について考察せよ.

4.3 例題 4.5 の片持梁の先端 $x=L$ に,圧縮力(x 軸負の方向の集中荷重)P が作用したとき,全ポテンシャルエネルギーは次のように書ける.

$$\Pi[v]=\int_0^L \left[\frac{1}{2}(EI(v'')^2-P(v'(x))^2)-qv\right]dx \tag{a.1}$$

$\Pi[v]$ の停留原理から釣合い式を導け.また,$q(x)=0$ のとき,釣合い式の一般解を導け.

4.4 xy 平面内の閉曲線のなかで,面積一定で境界(周囲)の長さが最小になるような曲線は円であることを示せ.

5

確率と統計

5.1 はじめに

　コインを振った裏表の結果，人々の往来，地震の発生など，予測不可能で不規則な事象，現象が数多く身のまわりにある．それらの事象や現象の観察結果を整理してその特徴を把握するという作業は，さまざまな現象を解明するための第一歩であろう．そのようにして集められたデータをもとに実際の現象を予測することが行われているが，他方，そのような現象発生の数学的モデルを作ることも非常によく行われている．その数学的モデルを基礎に現象発生のシミュレーションを行うことが多い．例えば，建物内の人々の移動のパターンの解析，道路の混雑状況の予測，地震による被害予測がある．本節では，まずはじめに確率モデルを作るための基礎となる確率の基礎概念について概説した後に，さまざまな確率分布について述べ，その特性量についても触れる．また，推定，検定，マルコフ過程，時系列データについても述べる．

5.2 確率空間

　例として，雨が降るか降らないかの観察を行うことを考えよう．**試行**（trial）とは考察の対象となる実験，または観測を行うことで，この場合，降雨の観察を行うという行為である．**標本点**（sample point）とは試行によって得られた個々の結果である．**標本空間**（sample space）とは標本点全体の集合のことである．以下に，確率空間において用いられる用語について表の形でまとめた（表5.1）．

表5.1 確率において用いられる記号

記号	名称	説明
Ω	標本空間(全事象)	標本点全体
$\emptyset$	空事象	標本点をまったく含まない事象
$A(\subset\Omega)$	事象	標本空間 Ω の部分集合
$\bar{A}$	A の余事象	事象 A に属さない標本点の集合
$A\cup B$	A と B の和事象	
$A\cap B$	A と B の積事象	
$A-B$	A と B の差事象	

確率の基本性質について以下にまとめておく．

① 事象 A の確率は $0 \leq P(A) \leq 1$ なる実数である．とくに，$P(\Omega)=1$，$P(\emptyset)=0$．

② 事象 A，B が互いに排反であるとき（例えば雨が降るか降らないか，地震が起きるか起きないかというような2つの事象），

$$P(A\cup B)=P(A)+P(B)$$

事象 A，B に対し，A が生起するという条件の下での B の（条件付き）確率を $P(B|A)$ で表し，次のように定義する．

$$P(B|A)=\frac{P(A\cap B)}{P(A)}$$

事象 A，B に対し

$$P(A\cap B)=P(A)P(B)$$

が成り立つとき，A，B は互いに**独立** (independent) であるという．ある日に雨が降らないという事象 A と，その次の日に雨が降らないという事象 B は，上式がおおよそ成り立つなら独立と考えてよい．一般に，雨が降るという事象はサイコロを振るのとは異なり，偶然によって生じるものではない．しかし，気象データを眺めてみると確率事象にみえるということもある．

確率や統計は，自然現象や人間の行動，意思決定，経済行動などの複雑な振る舞いを確率事象として捉えて何らかの法則性を見いだしたり，最も有益な判断をするのに用いられる．

[**確率に関する公式**]

① $P(\bar{A})=1-P(A)$

② $P(A \cup B) = P(A) + P(B) - P(A \cap B)$

③ $A \subset B$ なら $P(A) \leq P(B)$

④ $P(A \cap B) = P(A) P(B|A)$

⑤ $A_i \cap A_j = \emptyset \, (i \neq j)$ かつ $\Omega = A_1 \cup A_2 \cup \cdots \cup A_n$ なら

$P(B) = P(A_1)P(B|A_1) + P(A_2)P(B|A_2) + \cdots + P(A_n)P(B|A_n)$

⑥ **ベイズの定理**(Bayes theorem)

$A_1 \cap A_2 = \emptyset$ かつ $\Omega = A_1 \cup A_2$ なら

$$P(A_i|B) = \frac{P(A_i)P(B|A_i)}{P(A_1)P(B|A_1) + P(A_2)P(B|A_2)}, \quad i=1,2$$

例題 5.1 ある地域において,一戸建て持ち家の所帯の割合は 30% である.また,一戸建て持ち家の所帯の 50% は年間所得が 500 万円以上で,一戸建て持ち家ではない所帯の 80% は年間所得が 500 万円未満である.このとき,年間所得が 500 万円以上の所帯が,一戸建て持ち家である確率を求める問題を考えよう.いま,3 つの事象 A_1:一戸建て持ち家である,$A_2(=\bar{A}_1)$:一戸建て持ち家でない,B:所得が 500 万円以上である,を考えよう.$P(A_1)=0.3$,$P(A_2)=0.7$,$P(B|A_1)=0.5$,$P(B|A_2)=0.2$ である.すると,ベイズの定理より,

$$P(A_1|B) = \frac{0.3 \cdot 0.5}{0.3 \cdot 0.5 + 0.7 \cdot 0.2} = \frac{0.15}{0.29} \approx 0.51$$

となり,約 51% となることがわかる.

5.3 確率変数と分布

確率変数(random variable)とは,試行の結果が定まるとそれにともなって値が定まる変数のことで,大きく分けて離散型,連続型の 2 種類に分類される.**離散型確率変数**(didscrete random variable)とは,確率変数のとりうる値が,$a_1, a_2, \cdots$ のように列挙できるものである.コインを 10 回投げて表が出るという事象,1 年間におけるマグニチュード 6 以上の地震の発生回数などが例として考えられる.この場合,**確率分布**(probability distribution)は,$P(X=a_i)=f(a_i)\,(i=1,2,\cdots)$ として,a_i に確率 $f(a_i)$ を付与することによ

って与えられる．

$$①f(a_i)≥0 \quad ②\sum_i f(a_i)=1$$

また，事象 X が事象集合 I に属する確率は

$$P(X\in I)=\sum_{a_i\in I} f(a_i)$$

によって表現される．

連続型確率変数（continuous random variable）の場合，確率変数のとりうる値が，連続した範囲のすべての値をとりうる．例えば身長や，マグニチュード4.0以上の地震が発生する時間間隔などは，連続型確率変数と考えてよい．この場合，事象 X の試行結果 x が区間 I に属する確率は，**確率密度関数**（density function）$f(x)$ がわかっていると

$$P(X\in I)=\int_{x\in I} f(x)\mathrm{d}x$$

によって計算できる．なお，確率密度関数 $f(x)$ は以下の性質を満足する．

$$①f(x)≥0 \quad ②\int_{-\infty}^{+\infty} f(x)\mathrm{d}x=1$$

確率変数 X が離散型か連続型かにかかわらず，任意の実数に対して $P(X≤x)$ が定義できる．これを**分布関数**（distribution function）と呼ぶ．一般に，分布関数は以下の形で表現される．

$$F(x)=P(X≤x)$$

であり，$F(x)$ を確率変数 X の分布関数という．つまり，確率変数 X の実現値が x 以下である確率のことである．分布関数には以下の性質がある．

［分布関数の性質］

① $x_1<x_2 \Rightarrow F(x_1)≤F(x_2)$

② $P(a<X≤b)=F(b)-F(a)$

③ $F(-\infty)=0,\ F(+\infty)=1$

すべての x に対して $F(x+0)=F(x)$（右連続）

④ X が離散型確率変数なら

$$F(x)=P\{X≤x\}=\sum_{a_i≤x} f(a_i)$$

⑤ X が連続型確率変数なら

5.4 2次元の確率変数と分布

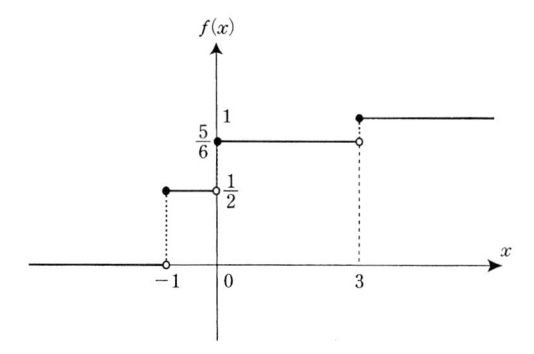

図 5.1 例題 5.2 の分布関数

$$F(x)=P\{X\leq x\}=\int_{-\infty}^{x}f(u)\,\mathrm{d}u$$

また，$F'(x)=f(x)$

例題 5.2 離散型確率変数 X が

$$P(X=-1)=\frac{1}{2}, \quad P(X=0)=\frac{1}{3}, \quad P(X=3)=\frac{1}{6}$$

を満たすとき，分布関数のグラフを書くと図 5.1 のようになる．

5.4 2次元の確率変数と分布

事象 X と Y が同時に起こる確率を本節では考える．

(1) X, Y がいずれも離散型確率変数の場合

$$P(X=a_i, Y=b_j)=h(a_i, b_j)$$

のとき，$h(a_i, b_j)$ を X, Y の**同時（結合）確率分布** (joint distribution) という．また，$h(a_i, b_j)$ は次式を満たす．

$$h(a_i, b_j)\geq 0, \quad \sum_i\sum_j h(a_i, b_j)=1$$

X, Y のそれぞれの確率分布を $f(a_i)$, $g(b_j)$ とすると

$$① f(a_i)=\sum_j h(a_i, b_j) \quad ② g(b_j)=\sum_i h(a_i, b_j)$$

である．f, g を h より定まる X, Y の**周辺確率分布** (marginal distribution) という．

(2) X, Y がいずれも連続型確率変数の場合
D を2次元領域として

$$P((X, Y)\in D)=\iint_D h(x,y)\,\mathrm{d}x\mathrm{d}y$$

とするとき，$h(x,y)$ を X, Y の**同時（結合）確率分布**といい，次の性質が成り立つ．

$$h(x,y)\geq 0, \quad \int_{-\infty}^{+\infty}\int_{-\infty}^{+\infty}h(x,y)\,\mathrm{d}x\mathrm{d}y=1$$

X, Y のそれぞれの確率密度関数 $f(x)$, $g(y)$ は

$$①f(x)=\int_{-\infty}^{+\infty}h(x,y)\,\mathrm{d}y \quad ②g(y)=\int_{-\infty}^{+\infty}h(x,y)\,\mathrm{d}x$$

を満たす．f, g は h より定まる X, Y の周辺確率密度関数という．2つの角度からデータを眺めるということは，しばしば行われる．例えば年収と年齢，身長と体重，英語と数学の成績，高血圧と糖尿病，天気と商品の売り上げなどさまざまな例がある．そのような実際に現れるデータを確率分布として捉えることによりさまざまな統計解析を行い，2つの変量の間の相関関係を明らかにすることが社会のさまざまな場面で行われている．

5.5 種々の確率分布

この項ではさまざまな応用で現れる確率分布を紹介する．

[離散型確率分布]

(1) ベルヌーイ分布 $(0<p<1)$：確率 p で1の値をとり，確率 $1-p$ で0の値をとる分布．確率関数を書くと，次のようになる．

$$f(0)=1-p, \quad f(1)=p \tag{5.1}$$

この分布は1を成功，0を失敗と考えると，成功確率が p，失敗確率が $1-p$ の試行を表す．

(2) 離散一様分布 $UD(n; a, d)\,d>0$：$a+d, a+2d, \cdots, a+nd$ のいずれかの値を等確率（確率 $1/n$）でとる分布である．

$$f(a+kd)=\frac{1}{n}, \qquad k=1,\cdots,n \tag{5.2}$$

(3) 2項分布 $B(n,p)$ $(0<p<1)$：ベルヌーイ分布を n 回試行したときに，1 の値が現れる回数の分布である（図 5.2）．

$$f(k)=\binom{n}{k}p^k(1-p)^{n-k}, \qquad k=0,\cdots,n \tag{5.3}$$

(4) ポアソン分布 $P_o(\lambda)$ $(\lambda>0)$：ランダムに発生する現象の個数は，ポアソン分布に従うことが知られている．例えば，5分間に通過するタクシーの台数，1日に製造された製品のなかの不良品の個数や，1カ月の間に発生する震度3以上の地震の回数などはポアソン分布に従うと考えてよいだろう（図 5.3）．

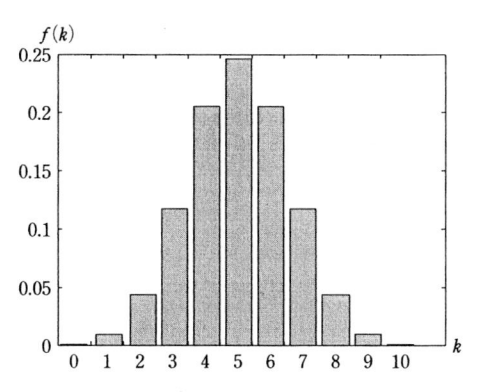

図 5.2 2項分布 ($n=10$, $p=0.5$) のグラフ

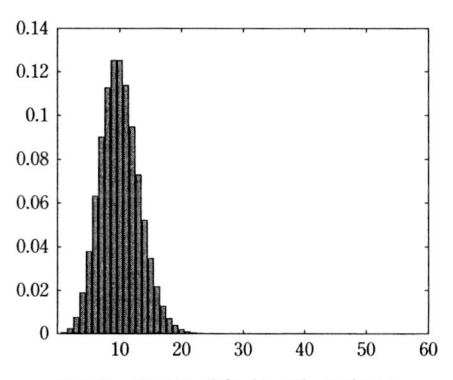

図 5.3 ポアソン分布 ($\lambda=10$) のグラフ

図5.4 幾何分布（$p=0.5$）のグラフ

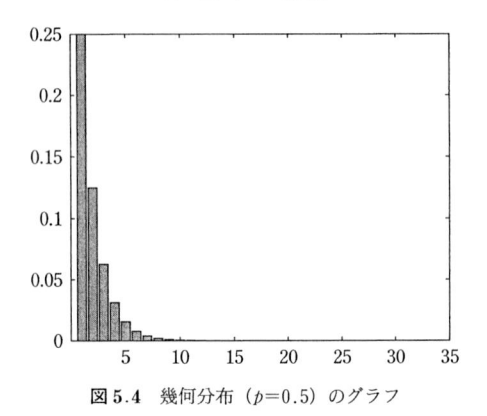

$$f(k)=\frac{\lambda^k}{k!}e^{-\lambda}, \qquad k=0,1,2,\cdots \tag{5.4}$$

(5) 幾何分布 $G(p)$ $(0<p<1)$：成功確率が p であるベルヌーイ試行を独立に行うとき，最初の成功が達成されるまでの失敗の回数は幾何分布に従う（図5.4）．「ホームランを打つ」というのを"成功"，「ホームランを打たない」というのを"失敗"とすると，初めてホームランを打つまでに要した打席数-1 が幾何分布に従う．

$$f(k)=p(1-p)^k, \qquad k=0,1,2,\cdots \tag{5.5}$$

[連続型確率分布]

(1) 一様分布 $U(a,b)$ $(a<b)$

$$f(x)=\frac{1}{b-a} \tag{5.6}$$

(2) 正規分布 $N(\mu,\sigma^2)$：統計学で最もよく用いられる分布である．

$$f(x)=\frac{1}{\sqrt{2\pi}\sigma}e^{-((x-\mu)^2/2\sigma^2)} \tag{5.7}$$

これはガウス分布とも呼ばれる（図5.5参照）．

(3) 指数分布 $\mathrm{Exp}(\lambda)$ $(\lambda>0)$：待ち行列解析などの工学分野では非常によく用いられる分布である．人がサービス窓口に到着する時刻の間隔分布，1台のタクシーが通過してから次のタクシーが通過するまでの時間などは，指数分布に従う．

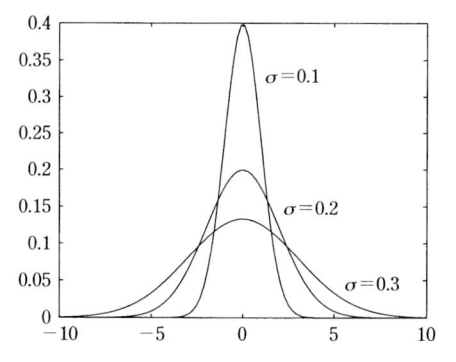

図 5.5 正規分布 ($\mu=0$, $\sigma=0.1, 0.2, 0.3$) のグラフ

$$f(x) = \lambda e^{-\lambda x} \qquad (0 \leq x < +\infty) \tag{5.8}$$

分布関数は $F(x) = 1 - e^{-\lambda x}$ である．いま，タクシーを待っている人がいる．現在までに t 分待ったとする．すると，次のタクシーが現れるまでにさらに s 分待つ確率を考えてみよう．タクシーが現れるまでの時間を T とすると，その確率は

$$\begin{aligned} P(T>t+s \mid P>t) &= \frac{P(T>t+s)}{P(T>t)} \\ &= \frac{e^{-\lambda(t+s)}}{e^{-\lambda t}} \\ &= e^{-\lambda s} \end{aligned}$$

となる．つまり，s の分布は，これまでに何分待ったかという t の値に無関係に指数分布に従う．これを**無記憶性**（memoryless property）といい，ランダムに事象が発生する特徴を表している．

(4) ガンマ分布 $\Gamma(\alpha, \beta)$

$$f(x) = \frac{1}{\Gamma(\alpha) \beta^\alpha} x^{\alpha-1} e^{-x/\beta} \qquad (0 \leq x < +\infty) \tag{5.9}$$

ここで，$\Gamma(\alpha)$ はガンマ関数と呼ばれるもので，次式で定義される．

$$\Gamma(\alpha) = \int_0^{+\infty} x^{\alpha-1} e^{-x} dx$$

ポアソン分布，幾何分布，2項分布について $\sum_{k=0}^{\infty} f(k) = 1$ を確かめよ．

まず，ポアソン分布について考える．$f(k) = (\lambda^k / k!) e^{-\lambda}$ なので，

$$\sum_{k=0}^{+\infty}f(k)=\sum_{k=0}^{+\infty}\frac{\lambda^k}{k!}e^{-\lambda}$$
$$=e^{-\lambda}\sum_{k=0}^{+\infty}\frac{\lambda^k}{k!}$$

ここで e^x の $x=0$ におけるテイラー展開（つまりマクローリン展開）が

$$e^x=\sum_{k=0}^{+\infty}\frac{x^k}{k!}$$

であるという事実を使うと $\sum_{k=0}^{+\infty}f(k)=1$ が得られる．

次に，幾何分布について考える．$f(k)=p(1-p)^k$ より，

$$\sum_{k=0}^{+\infty}f(k)=\sum_{k=0}^{+\infty}p(1-p)^k$$
$$=p\sum_{k=0}^{+\infty}(1-p)^k=\frac{p}{1-(1-p)}=1$$

を得る．

最後に2項分布について考える．

2項展開の公式

$$(a+b)^n=\sum_{k=0}^{n}\binom{n}{k}a^k b^{n-k}$$

を用いると，$f(k)=\binom{n}{k}p^k(1-p)^{n-k}$ より，

$$\sum_{k=0}^{n}f(k)=\sum_{k=0}^{n}\binom{n}{k}p^k(1-p)^{n-k}$$
$$=(p+(1-p))^n=1$$

を得る．

例題 5.3 確率変数 X の確率密度関数が

$$f(x)=\begin{cases}\dfrac{c}{\sqrt{x}} & (0\leq x\leq 4)\\ 0 & (その他)\end{cases}$$

のとき，c の値，分布関数，$P(X>1)$ を求めよう．

解答 $f(x)$ は確率密度関数だから $\int_{-\infty}^{+\infty}f(x)=1$ を満たす．よって

$$\int_{-\infty}^{+\infty} f(x) = \int_0^4 \frac{c}{\sqrt{x}} = \left[2c\sqrt{x}\right]_0^4 = 4c = 1$$

を得る．よって，$c=1/4$ となる．分布関数 $F(x)$ は

$$F(x) = \int_{-\infty}^{x} f(t)\,dt = \begin{cases} 0 & x<0 \\ \dfrac{\sqrt{x}}{2} & 0 \le x \le 4 \\ 1 & x>4 \end{cases}$$

最後に

$$P(X>1) = 1 - F(1) = 1 - \frac{1}{2} = \frac{1}{2}$$

である．

5.6 期待値，分散

いま，確率変数を X とすると，**期待値**（expectation）は以下のように定義される．

離散型：$E(X) = \sum_i a_i f(a_i)$
連続型：$E(X) = \int_{-\infty}^{+\infty} x f(x)\,dx$

しばしば，$E(X)$ は μ と表される．**分散**（variance）は期待値のまわりの2乗平均として定義される．つまり，

$$V(X) = E((X-\mu)^2)$$

である．これはデータのバラツキの程度を表す．X が離散型か連続型かに従って，次式のように表現できる．

離散型：$V(X) = \sum_i (a_i - \mu)^2 f(a_i)$
連続型：$V(X) = \int_{-\infty}^{+\infty} (x-\mu)^2 f(x)\,dx$

しばしば，$V(X)$ は σ^2 と表される．

2つの確率変数 X, Y に対して，共分散 $C(X, Y)$ は以下のように定義される．

$$C(X, Y) = E((X - E(X))(Y - E(Y)))$$

2つの確率変数 X, Y に対して**相関係数**（correlation coefficient）は

によって定義される。r は常に $-1 \leq r \leq 1$ を満たす。$r>0$ のとき，X と Y の間に正の相関があるといい，$r<0$ なら負の相関があるという。

期待値，分散については次の性質がある。とくに，1番目の性質は X，Y が独立であることを仮定しなくても成り立つ性質であることに注意しておく。

$$E(X+Y)=E(X)+E(Y) \tag{5.10}$$
$$E(aX+b)=aE(X)+b \quad (a,b：定数) \tag{5.11}$$
$$X と Y が独立 \Rightarrow E(XY)=E(X)E(Y) \tag{5.12}$$
$$V(aX+b)=a^2V(X) \tag{5.13}$$
$$V(X)=E(X^2)-\{E(X)\}^2 \tag{5.14}$$
$$C(X,Y)=E(XY)-E(X)E(Y) \tag{5.15}$$
$$X と Y が独立 \Rightarrow C(X,Y)=0 \tag{5.16}$$
$$V(X+Y)=V(X)+V(Y)+2C(X,Y) \tag{5.17}$$

5.1.4項で示した種々の確率分布に対して期待値，分散を求めると，表5.2，表5.3のようになる。

ベルヌーイ分布を除く他の分布に対するこの表中の期待値，分散の導出につ

表5.2 離散型確率分布

離散型	パラメータ	期待値	分散	積率母関数
ベルヌーイ分布	$0<p<1$	p	$p(1-p)$	$pe^\theta+1-p$
2項分布	n：整数, $0<p<1$	np	$np(1-p)$	$(pe^\theta+1-p)^n$
ポアソン分布	$\lambda>0$	λ	λ	$e^{\lambda(e^\theta-1)}$
幾何分布	$0<p<1$	$\dfrac{1-p}{p}$	$\dfrac{1-p}{p^2}$	$\dfrac{p}{1-e^\theta(1-p)}$

表5.3 連続型確率分布

連続型	パラメータ	期待値	分散	積率母関数
一様分布	a, b	$\dfrac{a+b}{2}$	$\dfrac{(b-a)^2}{12}$	$\dfrac{e^{b\theta}-e^{ab}}{\theta(b-a)}$
正規分布	μ, σ	μ	σ	$exp\left(\mu\theta+\dfrac{\sigma^2\theta^2}{2}\right)$
指数分布	λ	$1/\lambda$	$1/\lambda$	$\dfrac{\lambda}{\lambda-\theta}$

いては演習問題とした．

ベルヌーイ分布について期待値，分散を求めてみよう．期待値は
$$1 \cdot p + 0 \cdot (1-p) = p$$
となり，分散はその定義より，
$$p(1-p)^2 + (1-p)p^2 = p(1-p)$$
となる．

5.7 積率母関数

$E(X^n) = \mu'_n$ を X の原点のまわりの n 次の積率（モーメント）といい，$E((X-E(X))^n) = \mu_n$ を X の期待値のまわりの n 次の積率という．積率母関数 $\phi(\theta)$ は $e^{\theta x}$ の期待値のことで，次のように定義される（θ は実数）．

$$\phi(\theta) = E(e^{\theta x}) = \begin{cases} \sum_i e^{\theta a_i} f(a_i) & \text{（離散分布）} \\ \int_{-\infty}^{+\infty} e^{\theta x} f(x) \mathrm{d}x & \text{（連続分布）} \end{cases}$$

積率母関数の性質には以下のものがある．

① $aX+b$ の積率母関数は $e^{b\theta}\phi(a\theta)$

② 互いに独立な確率変数 X, Y の積率母関数を $\phi_1(\theta)$, $\phi_2(\theta)$ とすると，$X+Y$ の積率母関数は $\phi_1(\theta)\phi_2(\theta)$

③ $\phi(\theta) = 1 + \dfrac{\mu'_1}{1!}\theta + \dfrac{\mu'_2}{2!}\theta^2 + \cdots + \dfrac{\mu'_n}{n!}\theta^n + \cdots$

よって，$\phi^{(n)}(0) = \mu'_n$ $(n=1,2,\cdots)$

3番目の性質から，積率母関数を既知とすると，平均，分散，および原点や期待値のまわりの n 次の積率もすべて計算できるという利点があることがわかる．上の性質①は次のようにして示される．性質①であるが，X が連続分布の場合かつ $a>0$ の場合のみについて示す．$P(Y \leq y) = P(aX+b \leq y) = P(X \leq (y-b)/a)$ なので，X の分布関数を $F(x)$ とすると，
$$P(Y \leq y) = F(y-ba)$$
よって，$Y = aX+b$ の確率密度関数 $g(y)$ は

$$g(y) = \frac{\mathrm{d}F\left(\frac{y-b}{a}\right)}{\mathrm{d}y} = f\left(\frac{y-b}{a}\right)\Big/a$$

よって,

$$E(e^{\theta y}) = \int_{-\infty}^{\infty} e^{\theta y} g(y)\,\mathrm{d}y = \int_{-\infty}^{\infty} e^{\theta y} f\left(\frac{y-b}{a}\right)\Big/a\,\mathrm{d}y$$

$$= \int_{-\infty}^{\infty} e^{\theta(ax+b)} f(x)\,\mathrm{d}x \quad (y=ax+b \text{ と変数変換する})$$

$$= e^{b\theta} \int_{-\infty}^{\infty} e^{\theta ax} f(x)\,\mathrm{d}x = e^{b\theta} \phi(a\theta)$$

となり,性質①が示された.性質②,③の証明は省略する.5.1.4項で示した種々の確率分布に対して積率母関数を求めると,表5.2,5.3のようになる(章末の演習問題参照).

5.8 分布の諸計算

確率変数 X の分布関数を $F(x)$,確率密度関数を $f(x)$ とする.$y=\varphi(x)$ を x の関数とするとき,$Y=\varphi(X)$ で定まる確率変数 Y の確率密度関数を求めたい.一般的に,これは次のような方針で計算できる.

① Y の分布関数 $G(y)$ を X の分布関数 $F(x)$ で表し,
② Y の確率密度関数 $g(y)$ を $g(y) = (Y$ の分布関数 $G(y))'$ により求める.

例題 5.4 連続型確率変数 X が $(0, 1)$ 区間の一様分布に従うとき,$Y = -(1/\alpha)\log(1-X)$ の分布関数を求めてみよう.Y の分布関数 $G(y)$ は

$$G(y) = P(Y \leq y) = P\left(-\frac{1}{\alpha}\log(1-X) \leq y\right)$$

$$= P(\log(1-X) \geq -\alpha y)$$

$$= P(1-X \geq e^{-\alpha y})$$

$$= P(X \leq 1 - e^{-\alpha y}) = 1 - e^{-\alpha y}$$

となる.これより $g(y) = \alpha e^{-\alpha y}$ となり,Y は指数分布に従うことがわかる.乱数を用いた確率的シミュレーションにおいて,通常計算機で生成するのは,擬似的に一様分布に従う一様乱数である.実用上は指数乱数や正規乱数も作り

たい．指数乱数については上記の変換式を用いれば，一様乱数 X から指数乱数 Y を生成することができる．

例題 5.5 連続型確率変数 X の確率密度関数を $f(x)$ とするとき，確率変数 $Y=aX+b$ の確率密度関数を求めてみよう．ただし，$a\neq 0$. $a>0$ の場合を考えよう（$a<0$ の場合も同様）．$P(Y\leq y)=P(aX+b\leq y)=P(X\leq(y-b)/a)$ なので，X の分布関数を $F(x)$ とすると，
$$P(Y\leq y)=F((y-b)/a)$$
よって，$Y=aX+b$ の確率密度関数 $g(y)$ は
$$g(y)=\frac{\mathrm{d}F\left(\frac{y-b}{a}\right)}{\mathrm{d}y}=f\left(\frac{y-b}{a}\right)\bigg/ a$$

5.9 和 の 分 布

確率変数 X，Y が互いに独立で，それぞれ確率密度関数 $f(x)$，$g(y)$ をもつとする．

定理 5.1 $V=X+Y$ の確率密度関数は
$$h(v)=\int_{-\infty}^{+\infty}f(v-w)g(w)\mathrm{d}w \tag{5.18}$$
これを $h=f*g$ と書き，f と g のたたみ込みという．

定理 5.2 互いに独立な確率変数 X，Y の積率母関数を $\phi_X(\theta)$，$\phi_Y(\theta)$ とするとき，$X+Y$ の積率母関数は
$$\begin{aligned}\phi_Z(\theta)&=E(e^{\theta Z})=E(e^{\theta(X+Y)})\\&=E(e^{\theta X})E(e^{\theta Y})=\phi_X(\theta)\cdot\phi_Y(\theta)\end{aligned} \tag{5.19}$$
となる．つまり X，Y の積率母関数の積として表される．

例題 5.6 X，Y が，ともに区間 $[0, 1]$ 上の一様分布に従う互いに独立な連続型確率変数とする．このとき，$|X-Y|$ の確率密度関数を求めてみよう．

$Z=|X-Y|$ として Z の分布関数 $F(t)$ を求めてみよう．X，Y がともに区間 $[0, 1]$ 上の一様分布に従うとき，図5.6に示されている $|X-Y|\leq t$ な

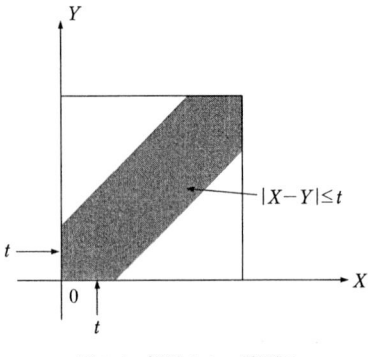

図5.6 例題5.6の説明図

る灰色領域は，$P(|X-Y|\leq t)$ なる確率を表している．これより，
$$P(|X-Y|\leq t)=2t-t^2$$
となる．よって，$F(t)=2t-t^2$ となる．これより $|X-Y|$ の確率密度関数 $f(t)$ は
$$f(t)=F'(t)=2-2t$$
となる．

[再生性]

確率変数 $X_1, X_2, \cdots, X_n$ が独立でいずれも同じ型の分布に従うとき，それらの和 $X_1+X_2+\cdots+X_n$ がまたその型の分布に従うならば，この型の分布は再生性をもつという．

再生性をもつ主な分布の例として，2項分布，ポアソン分布，正規分布がある．これを示すには次の定理を用いると便利である．

例えば，2項分布を考えよう．X，Yをそれぞれ $B(m,p)$，$B(n,p)$ に従うものとする．すると，定理5.2より $Z=X+Y$ の分布は
$$\phi_Z(\theta)=(pe^\theta+1-p)^m \cdot (pe^\theta+1-p)^n=(pe^\theta+1-p)^{m+n}$$
となり，これは2項分布 $B(n+m,p)$ の積率母関数である．よって $X+Y$ も2項分布に従う．

5.10 推　　　定

5.10.1 推定の考え方

　確率モデルは，不確実な現象を数学的に記述した一種の近似式として作られたものである．そこから得られた情報は現実を近似的に表現しているものであって，得られた確率モデルがどの程度信頼できるものかについてさらに考察が必要である．これまで学んださまざまな確率モデルのほとんどは，パラメータを含んだ分布族といわれるものである．例えば，正規分布 $N(\mu, \sigma^2)$ は μ, σ^2 の2つのパラメータを含んでいる．一方，指数分布 $\mathrm{Exp}(\lambda)$ は1つのパラメータ λ をもっている．現実のデータを確率モデルとして表現するときは，このような分布族の1つを選び，データに最も当てはまるパラメータを選ぶことが多い．また，特定の確率モデル式を用いて現象を記述せずに，単に平均や分散を推定することも行われている．いま，平均値 μ の推定問題を考えるものとする．観察によって得られた n 個の値を $X_1, X_2, \cdots, X_n$ とする．これらの観測値の平均（標本平均という）

$$\bar{X} = \frac{\sum_{i=1}^{n} X_i}{n}$$

をもって μ の推定値とするのは常識的な考え方であろう．実際，例えばテレビの視聴率調査においては，数百件のサンプル調査から全視聴者の真の視聴率を推定している．サンプル数 n が十分大きければ，真の値 n に漸近的に近づいていくことが大数の法則から知られているが，$\bar{X}$ はサンプルデータのとり方によって変わるので確率変数である．その期待値 $E(\bar{X})$ は各 i に対して $E(X_i) = \mu$ であることから

$$E(\bar{X}) = E\left(\left(\sum_{i=1}^{n} X_i\right) \bigg/ n\right) = \left(\sum_{i=1}^{n} E(X_i)\right) \bigg/ n = \mu$$

が成り立つ．期待値の意味で $E(\bar{X})$ は μ に一致する．この性質を不偏性という．しかし，観測データから得られる標本平均 $\bar{X}$ にはバラツキがある．どの程度のバラツキがあるのかということを見積もることが必要である．実際，視聴率としてわれわれが目にするのは推定値にすぎない．しかし，推定値の誤差

評価がきちんとできていたら，どの程度視聴率が信頼できるかがわかる．以下，推定値の誤差評価について説明する．その前に標本分散 S^2 について考えよう．標本分散とは標本平均からの2乗誤差の平均値である．つまり，

$$S^2 = \frac{\sum_{i=1}^{n}(X_i - \bar{X})^2}{n}$$

である．標本分散の期待値はもとになっている確率モデルの分散 σ^2 とは異なる．標本平均 $\bar{X}$ の分散は

$$V(\bar{X}) = \left(\frac{1}{n}\right)^2 E\left(\left(\sum_{i=1}(X_i - \mu)\right)^2\right)$$

$$= \left(\frac{1}{n}\right)^2 \sum_{i=1}^{n} E((X_i - \mu)^2) + 2\sum_{i>j} E((X_i - \mu)(X_j - \mu))$$

$$= \left(\frac{1}{n}\right)^2 n\sigma^2 = \frac{\sigma^2}{n}$$

である．ここで $\sum_{i>j} E((X_i - \mu)(X_j - \mu))$ であるが，X_i, X_j が独立であるので

$$\sum_{i>j} E((X_i - \mu)(X_j - \mu)) = \sum_{i>j} E(X_i - \mu) E(X_j - \mu) = 0$$

が成り立つことを用いている．また

$$V(\bar{X}) = E(\bar{X}^2) - (E(\bar{X}))^2$$

であるから，

$$E(\bar{X}^2) = \frac{\sigma^2}{n} + \mu^2$$

である．$E(X_i^2) = \sigma^2 + \mu^2$ を使うと，

$$E(S^2) = E\left(\frac{1}{n}\sum_{i=1}^{n} X_i^2\right) - E(\bar{X}^2)$$

$$= (\sigma^2 + \mu^2) - \left(\frac{\sigma^2}{n} + \mu^2\right) = \sigma^2 - \frac{1}{n}\sigma^2$$

が成り立つ．つまり，標本分散は σ^2 と一致しない．したがって，S^2 は不偏性をもっていない．S^2 の代わりに $S_0^2 = (n/(n-1))S^2$ を考えると不偏推定量になる．S_0^2 は不偏分散とも呼ばれる．

さて，観察したデータから平均値を推定する問題をきちんと考えよう．視聴率の例でも書いたように，標本平均 $\bar{X}$ の誤差の程度を評価する問題となる．$\bar{X}$ の誤差とは真の平均値 μ との誤差 $\bar{X} - \mu$ のことである．$\bar{X}$ はサンプルの選

5.10 推定

び方によって変化するので確率変数である．したがって，$\bar{X}-\mu$ の分布関数がわかれば誤差は評価できる．観察したデータが正規分布 $N(\mu, \sigma^2)$ に従っていると考えて議論を進めることにする．

(1) σ^2 が既知の場合：その場合，話は簡単である．正規分布の再生性から $\bar{X}$ が正規分布 $N(\mu, \sigma^2/n)$ に従うことがわかるので，$\bar{X}-\mu$ は $N(0, \sigma^2/n)$ に従う．すると，推定誤差が ε 以上である確率が

$$\int_{\mu+\varepsilon}^{+\infty} \frac{1}{\sqrt{2\pi}\sigma/\sqrt{n}} e^{-((n(x-\mu)^2)/2\sigma^2)} \mathrm{d}x + \int_{-\infty}^{\mu-\varepsilon} \frac{1}{\sqrt{2\pi}\sigma/\sqrt{n}} e^{-((n(x-\mu)^2)/2\sigma^2)} \mathrm{d}x$$

となる．この値を数値的に見積もるために $\sqrt{n}(\bar{X}-\mu)/\sigma$ が標準正規分布に従うという性質を用いる．なお，$\bar{X}$ から $\sqrt{n}(\bar{X}-\mu)/\sigma$ への変換は z 変換と呼ばれている．標準正規分布を用いると，誤差 $|\bar{X}-\mu|$ が ε より大きくなる確率は

$$2\int_{\varepsilon\sqrt{n}/\sigma}^{+\infty} \frac{1}{\sqrt{2\pi}} e^{-x^2/2} \mathrm{d}x$$

によって得られる．標準正規分布の数表を用いることによって，上式の確率が数値的に評価できる．

また，与えられた正の値 $\alpha \leq 1$ に対して

$$P\left(|\bar{X}-\mu| \leq z_{\alpha/2} \cdot \frac{\sigma}{\sqrt{n}}\right) = 1-\alpha$$

なる $z_{\alpha/2}$ を求め（$z_{\alpha/2}$ は標準正規分布の上側（右側ともいう）$\alpha/2$ 点と呼ばれる），$[\bar{X}-z_{\alpha/2}\cdot\sigma/\sqrt{n}, \bar{X}+z_{\alpha/2}\cdot\sigma/\sqrt{n}]$ なる区間を考えると，μ がこの区間に入る確率は $1-\alpha$ となる．これが $100(1-\alpha)\%$ の信頼区間と呼ばれるものである．とくに，$\alpha=0.05$ とすると 95% の信頼区間が得られる．図 5.7 に標準正規分布の両側 $\alpha/2$ 点を示している．

(2) σ^2 が未知の場合：実際には σ^2 が既知というのは現実的ではない．この場合，不偏分散 S_0^2 を計算しておく．サンプル数 n が十分大きいものとすると，$\sqrt{n}(\bar{X}-\mu)/S_0$ の分布が近似的に標準正規分布 $N(0,1)$ になることが知られている．したがって，$z_{\alpha/2}$ を

$$P\left(|\bar{X}-\mu| \leq z_{\alpha/2} \cdot \frac{S_0}{\sqrt{n}}\right) = 1-\alpha$$

とすると，区間 $[\bar{X}-z_{\alpha/2}S_0/\sqrt{n}, \bar{X}+z_{\alpha/2}S_0/\sqrt{n}]$ は $100(1-\alpha)\%$ の信頼区間

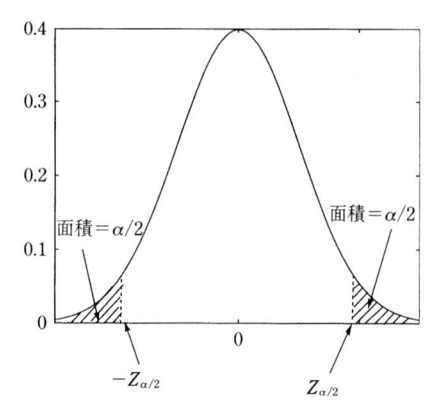

図 5.7 標準正規分布（$\mu=0$, $\sigma=1$）の両側 $\alpha/2$ 点

となる．

サンプル数 n が小さいと，正規分布による近似精度はよくない．しかし，$\sqrt{n}(\bar{X}-\mu)/S_0$ は自由度 $n-1$ の t 分布と呼ばれる分布になることが知られている（図 5.8）．t 分布の密度関数を表す式についてはここでは書かないが，関心のある読者は文献 2) を参照されたい．

自由度や α の値が与えられると

$$P\left(\sqrt{n}\left|\frac{\bar{X}-\mu}{S_0}\right|\geq t_f\frac{\alpha}{2}\right)=\alpha$$

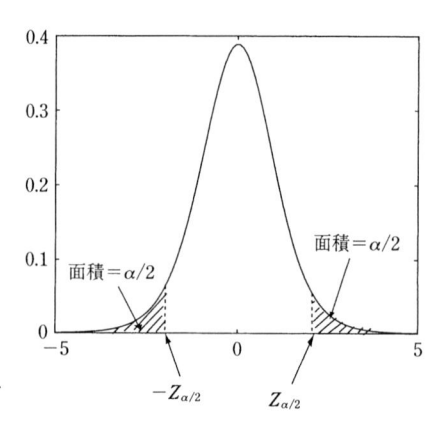

図 5.8 t 分布（$\mu=0$, $\sigma=1$）の両側 $\alpha/2$ 点

5.10 推定

なる値 $t_f(\alpha/2)$ を数表から得ることができる．これにより，信頼区間を求めることができる．

例題 5.7 ある工場で，建築材料として用いられるボルトを製造している．製品規格としての直径は 12 mm である．製造機械の性能が完全ではないために，製造されるボルトの直径にバラツキが生じている．規格書には正規分布 $N(12\,\mathrm{mm}, 0.1\,\mathrm{mm}^2)$ に従うとされている．規格どおりに製造されているかどうかを調査したいが，製造されたすべてのボルトを調べることは不可能なので，20 個の製品サンプルを抽出してみた．その結果，表 5.4 を得た．

この 20 サンプルの直径の平均値は 12.17 mm である．はたして，これは規格の 12 mm から大きくずれているだろうか？ まず 95% 信頼区間を求めてみる．ただし，標準偏差は $\sigma=0.1$ と，既知である．上述のように $\sqrt{n}(\bar{X}-\mu)/\sigma$ が標準正規分布に従うという性質を用いる．$\alpha=0.025$ とすると数表から $z_{0.025}=1.96$ を得る．$n=20$，標準偏差 $\sigma=0.1$ であるので

$$P\left(|\bar{X}-\mu| \leq z_{0.025} \cdot \frac{0.1}{\sqrt{20}}\right) = 0.95$$

から，95% 信頼区間は

$$12.17 - 1.96 \times \frac{0.1}{\sqrt{20}} < \mu < 12.17 + 1.96 \times \frac{0.1}{\sqrt{20}}$$

つまり，

$$12.126 < \mu < 12.214$$

となり，ボルトの直径の平均は 95% の確からしさでこの区間にあるといえる．したがって，規格の 12 mm からはずれていることがわかる．

この議論は，標準偏差 σ を既知としたが，これ自身も製造機械の磨耗に従って変化しているかもしれない．そこで，標準偏差 σ を未知として 95% 信頼区間を求めてみる．この場合，サンプルから得られる不偏分散

表 5.4 例題 5.7 のデータ

番号	1	2	3	4	5	6	7	8	9	10
ボルトの直径	12.1	12.0	11.8	11.7	12.3	12.4	12.0	11.9	12.2	11.8
番号	11	12	13	14	15	16	17	18	19	20
ボルトの直径	12.3	12.2	12.1	12.5	12.0	11.9	12.1	12.0	11.8	12.2

を計算すると $S_0^2=0.0495$ を得る．そこで，$\sqrt{n}(\bar{X}-\mu)/S_0$ は自由度 $n-1$ の t 分布になることを利用して $\alpha=0.0025$ として数表から $t_f(0.025)$ を求めると，$t_f(0.025)=2.433$ が得られ，95% 信頼区間は

$$P(\sqrt{n}|\bar{X}-\mu/S_0|\leq t_f(0.025))\leq 0.95$$

より

$$\bar{X}-\frac{t_f(0.025)S_0}{\sqrt{n}}\leq\mu\leq\bar{X}+\frac{t_f(0.025)}{\sqrt{n}}$$

となる．$\bar{X}=12.17$, $n=20$, $S_0=0.223$, $t_f(0.025)=2.433$ を代入すると

$$12.17-\frac{2.433\times 0.223}{\sqrt{19}}\leq\mu\leq 12.17+\frac{2.433\times 0.223}{\sqrt{19}}$$

$$12.046\leq\mu\leq 12.294$$

となり，ボルトの直径の平均は 95% の確からしさでこの区間にあるといえる．したがって，この場合も規格の 12 mm からはずれていることがわかる．σ が既知の場合と比べて，推定区間幅が増大していることに注意していただきたい．これは，σ が未知なので，その分情報量が不足していることに起因する．

5.10.2 最 尤 原 理

"尤"という漢字はあまり使わないし見かけない．"尤もらしい（もっともらしい）"という表現のなかに用いられる．"最尤（さいゆう）"というのは最も尤もらしいという意味で，最尤原理とは最も可能性の高いパラメータの値を観測データから推定するものである．

簡単な例によってその原理について説明する．いま，ある地域において，1 年ごとに発生したマグニチュード 4.0 以上の地震の発生回数に関するデータを調べているものとする．これらの地震の発生回数がポアソン分布 $P_0(\lambda)$ に従っているものとして，そのパラメータ λ を推定したい．データから得られた発生回数 $t_1, t_2, \cdots, t_n$ に最も当てはまる λ を推定する．いま，$t_1=5$ としてポアソン分布の確率関数 $f(k)=(\lambda^k/k!)e^{-\lambda}$ に $k=5$ を代入する．すると，$f(5)=(\lambda^5/5!)e^{-\lambda}$ は $k=5$ の発生確率，つまり起こりやすさを表している．いま，

$t_1, t_2, \cdots, t_n$ を $f(k)$ に代入して得られる値 $(\lambda^{t_1}/t_1!)e^{-\lambda}, (\lambda^{t_2}/t_2!)e^{-\lambda}, \cdots, (\lambda^{t_n}/t_n!)e^{-\lambda}$ の積

$$L(\lambda) = \frac{e^{-n\lambda}}{t_1! t_2! \cdots t_n!} \lambda^{t_1+t_2+\cdots+t_n} \qquad (5.20)$$

は尤度関数と呼ばれ，$t_1, t_2, \cdots, t_n$ を同時に実現する確率（もっともらしさ）を表している．この $L(\lambda)$ を最大にする λ を推定値とするものである．

5.11 検定

確率モデルは，不確実な現象を数学的に記述した一種の近似式として作られたものである．このモデルが現実のデータと照らし合わせて妥当なものかどうかを判断する必要がある．そのための方法として統計的仮説検定がある．以下で，その考え方を説明する．まず，データの背景となっている分布族は与えられているものとする．これは，例えばデータは正規分布に従って発生していると仮定するという意味である．ただし，そのパラメータ μ, σ^2 はわからない．

いま，分布族を一般的に $F(x;\theta)$ と書き，その確率密度関数を $f(x;\theta)$ と書くことにする．そこでパラメータ θ に関する仮説として $\theta = \theta_0$ を考える．正規分布の場合はパラメータは2つであるので，θ は (μ, σ) のベクトルとして考えたらよい．いま，その1つである平均値 μ に関して $\mu = 0$ という仮説を考えることにする．この仮説が成り立つかどうかをデータから検証する．いま成り立つことを示そうとしている仮説のことを**帰無仮説**（null hypothesis）という．これに対して，帰無仮説が成り立たないときに用意しておく仮説を**対立仮説**（alternative hypothesis）という．具体的な対立仮説としては，例えば $\theta > \theta_0$ や $\theta \neq \theta_0$ のようなものがある．帰無仮説を H_0, 対立仮説を H_1 と書くことにする．

5.11.1 正規分布の平均の検定

観測データ $X_1, X_2, \cdots, X_n$ は正規分布 $N(\mu, \sigma^2)$ に従うとする．このとき，母集団の平均 μ に関する仮説を標本平均 $\bar{X}$ によって検定する問題を考える．ここでは，2つの仮説として

$$\begin{cases} H_0 : \mu = \mu_0 & \text{(帰無仮説)} \\ H_1 : \mu \neq \mu_0 & \text{(対立仮説)} \end{cases} \tag{5.21}$$

を考える．この場合，対立仮説は帰無仮説 μ_0 の両側にあるので**両側仮説** (two-sided hypothesis) という．帰無仮説が棄却されるのは $|\bar{X}-\mu_0|>\gamma$ のときとする．γ の値は有意水準 α の値によって定まる．対象としている問題によって α の値は変わるが，通常 $\alpha=0.05$ や $\alpha=0.01$ とすることが多い．また

$$W = \{|\bar{X}-\mu_0|>\gamma\}$$

なる領域は**棄却域**（critical region）と呼ばれる．

(1) 分散 σ^2 が既知の場合：統計量の平均を引き，標準偏差で割る変換を z 変換という．標本平均 $\bar{X}$ を z 変換すると標準正規分布に従う．つまり次の統計量を考える．

$$Z = \frac{\sqrt{n}\,(\bar{X}-\mu_0)}{\sigma}$$

この統計量を用いる検定を z 検定という．有意水準 α に対して標準正規分布の上側 $\alpha/2$ 点を $z_{\alpha/2}$ とすると

$$\alpha = P(|Z|>z_{\alpha/2}) = P\left(\left|\frac{\sqrt{n}\,(\bar{X}-\mu_0)}{\sigma}\right|>z_{\alpha/2}\right)$$

である．よって棄却域は

$$W = \left\{|\bar{X}-\mu_0|>\frac{z_{\alpha/2}\sigma}{\sqrt{n}}\right\}$$

となる．$\bar{X}$ が棄却域に入っていて，真の平均値が μ_0 だとしよう．棄却域に入っているということは，観測したデータから得られた標本平均が μ_0 から $z_{\alpha/2}\sigma/\sqrt{n}$ 以上離れており，そのようなことが起きる確率が $\alpha\%$ 以下ということを意味する．α が十分小さいと，あまりありそうでないことが起こっているということなので，帰無仮説を採用せずに対立仮説を採用するということになる．もちろん，ほんとうに帰無仮説が成り立っていないかどうかを判断しているものではないことに注意されたい．

逆に，$\bar{X}$ が棄却域に入っていないときは，帰無仮説を支持することになる．

(2) 分散 σ^2 が未知の場合：このとき，σ^2 が未知なので z 変換が使えない．σ^2 の代わりに不偏分散 S_0^2 を用いて，標本平均 $\bar{X}$ を

5.11 検定

$$T = \frac{\sqrt{n}(\bar{X} - \mu_0)}{S_0} \tag{5.22}$$

のように変換する．推定のときにも述べたように T は自由度 $n-1$ の t 分布に従う．自由度 $n-1$ の t 分布 t_{n-1} の上側 $\alpha/2$ 点 $t^*_{n-1,\alpha/2}$ に対して，

$$\alpha = P(|Z| > t^*_{n-1,\alpha/2}) = P\left(\left|\frac{\sqrt{n}(\bar{X}-\mu_0)}{S_0}\right| > t^*_{n-1,\alpha/2}\right)$$

である．よって有意水準 α の棄却域は

$$W = \left\{|\bar{X} - \mu_0| > \frac{t^*_{n-1,\alpha/2} S_0}{\sqrt{n}}\right\}$$

となる．この検定を **t 検定**（t-test）という．

例題 5.8 前節の「推定」のところで扱った例題を再び考察してみよう．表 5.4 から判断して，製造されているボルトの直径の平均値は 12 mm と考えてよいのだろうか．帰無仮説として $H_0: \mu = 12$ mm，対立仮説 $H_1: \mu \neq 12$ mm として仮説検定を行おう．ただし，ボルトの直径は正規分布に従うものとする．

(1) まずは，分散 σ^2 が既知で $\sigma^2 = 0.01$ であるとする．z 変換 $Z = \sqrt{n}(\bar{X} - \mu_0)/\sigma$ を行い，有意水準 $\alpha = 0.05$ に対して標準正規分布の上側 $\alpha/2$ 点 $z_{\alpha/2}$ は 1.96 である（計算略）．これより，棄却域は

$$W = \left\{|\bar{X} - 12| > \frac{1.96 \cdot 0.1}{\sqrt{20}}\right\}$$

より，

$$|\bar{X} - 12| > 12.044$$

である．$\bar{X} = 12.17$ より，

$$\bar{X} = 12.17 > 12 + 0.044 = 12.044$$

となって，帰無仮説が棄却されることになる．

(2) 次は，分散 σ^2 が未知の場合を考えよう．帰無仮説として $H_0: \mu = 12$ mm，対立仮説 $H_1: \mu \neq 12$ mm として仮説検定を行うことには変わりない．同じように両側検定を行う．標本不偏分散 S_0^2 は 0.0495 である．よって，$S_0 = 0.223$ となる．また，標本平均 $\bar{X} = 12.17$ であった．また，式 (5.22) のように $T = \sqrt{n}(\bar{X} - \mu_0)/S_0$ を求める．すると，$\alpha/2 = 0.025$ となる t 分布の両側 $\alpha/2$ 点を t 分布表から求めると，$t_f(0.025) = 2.433$ を得る．よって，棄却域は

$$|\bar{X}-12|>\frac{2.433\cdot0.223}{\sqrt{20}}=0.121$$

となる．$\bar{X}=12.17$ であるので，$\mu=12$ mm なる帰無仮説が棄却される．

5.11.2 正規分布の分散の検定

正規分布に従うサンプルデータ $X_1, X_2, \cdots, X_n$ に対して，μ，σ^2 はいずれも未知とする．母分散についての右側仮説

$$\begin{cases} H_0 : \sigma^2 = \sigma_0^2 & （帰無仮説） \\ H_1 : \sigma^2 > \sigma_0^2 & （対立仮説） \end{cases} \quad (5.23)$$

を考える．帰無仮説の下で $(n-1)S_0^2/\sigma_0^2$ は自由度 $n-1$ の**カイ2乗分布**（chi-square distribution）χ_{n-1}^2 に従う（図5.9参照）．その上側 α 点を $\chi_{n-1,\alpha}^2$ とする．つまり

$$\alpha = P\left(\chi_{n-1,\alpha}^2 \leq (n-1)\frac{S_0^2}{\sigma_0^2}\right)$$

である．よって，有意水準 α の棄却域は

$$W = \left\{(n-1)\frac{S_0^2}{\sigma_0^2} \geq \chi_{n-1,\alpha}^2\right\}$$

となる（図5.10参照）．

検定には，上で述べた以外にさまざまな種類がある．例えば，標本を採った2つの集団の間に差があるのかどうかということを調べるための検定がある．母集団の平均値に差があるかどうかの検定は多くの応用がある．例えば，東京

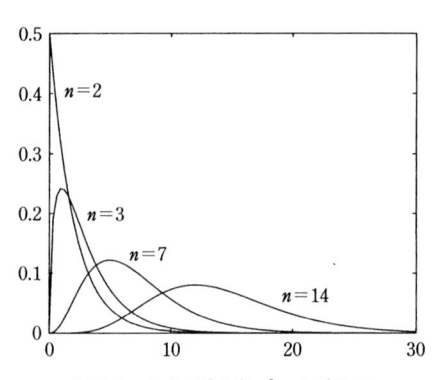

図5.9　カイ2乗分布 χ_{n-1}^2 のグラフ

5.11 検　　定

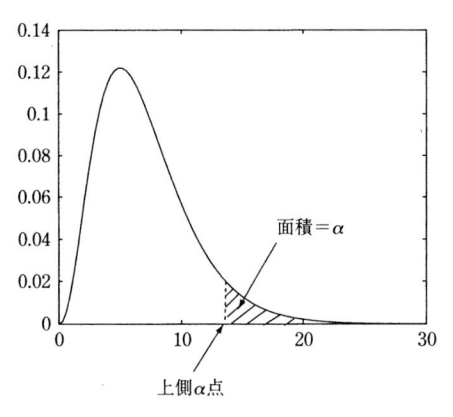

図5.10 カイ2乗分布 χ^2_{n-1} の上側 α 点

と大阪で平均寿命に差があるのか，新しく開発した薬が有効かなどを統計的に調べるのに使われる．これは母平均の差の検定と呼ばれる．母分散の比の検定方法についても知られているが，ここでは母平均の差の検定についてのみ触れる．そこでは，2つの母集団とも正規分布に従い，互いに独立であることを仮定する．1つの母集団は正規分布 $N(\mu_X, \sigma_X^2)$ に従い，他は正規分布 $N(\mu_Y, \sigma_Y^2)$ に従うとしよう．最初の母集団からサンプルデータを M 個選び ($X_1, X_2, \cdots, X_M$ とする)，他の母集団から N 個のサンプルデータを選んだとしよう ($Y_1, Y_2, \cdots, Y_N$ とする)．おのおのの標本平均は

$$\bar{X} = \frac{1}{M} \sum_{i=1}^{M} X_i$$

$$\bar{Y} = \frac{1}{N} \sum_{i=1}^{N} Y_i$$

となる．$\bar{X}$, $\bar{Y}$ はそれぞれ $N(\mu_X, \sigma_X^2/M)$, $N(\mu_Y, \sigma_Y^2/N)$ に従う．また，$\bar{X} - \bar{Y}$ は正規分布 $N(\mu_X - \mu_Y, \sigma_X^2/M + \sigma_Y^2/N)$ に従うことが知られている．これより，

$$Z = \frac{\bar{X} - \bar{Y} - (\mu_X - \mu_Y)}{\sqrt{(\sigma_X^2/M) + (\sigma_Y^2/N)}}$$

は $N(0, 1)$ に従うことがわかる．これを用いて，$\bar{X}$, $\bar{Y}$ が既知のときは，これまでに述べてきた検定方法と同様に母集団の差の検定ができる．

5.12 マルコフ連鎖

マルコフ連鎖とは，状態空間と呼ばれる状態集合のなかの状態が離散時点で確率的に変化する振る舞いを記述し，その振る舞いの性質について調べるための重要な方法論の1つである．$n=0,1,\cdots$ を離散時点とし，いま，状態空間を $S=\{1,2,\cdots,N\}$ とする．また，離散時点 n での状態 X_n は S の値の1つをとる．マルコフ連鎖では時点 $n+1$ における状態が，時点 n における状態と推移行列 P によって確率的に定まる．つまり，推移確率を

$$p_{ij}=P\{X_n=j|X_{n-1}=i\}, \quad 1\leq i,j\leq N$$

とする．ただし，

$$p_{ij}\geq 0, \quad \sum_{j=1}^{N}p_{ij}=1$$

を満たす．このとき

$$P=\begin{bmatrix} p_{11} & p_{12} & \cdots & p_{1N} \\ p_{21} & p_{22} & \cdots & p_{2N} \\ \vdots & \vdots & & \vdots \\ p_{N1} & p_{N2} & \cdots & p_{NN} \end{bmatrix}$$

を**推移確率行列** (transition probability matrix) という．

例題 5.9 天気の移り変わり

$$S=\{1,2,3\}, \quad 1=晴, \quad 2=曇, \quad 3=雨$$

として，ある日の天気の状態が i のとき，次の日の天気の状態が j である推移確率が p_{ij} となる．例えば，推移確率行列 P は

$$\boldsymbol{P}=\begin{bmatrix} 0.6 & 0.3 & 0.1 \\ 0.6 & 0.3 & 0.1 \\ 0.2 & 0.3 & 0.5 \end{bmatrix}$$

のような形で与えられる．

m 次の推移確率とは

$$\boldsymbol{P}^{(m)}=\boldsymbol{P}^{(m-1)}\boldsymbol{P} \tag{5.24}$$

で帰納的に定められる．ある初期状態から出発して，離散時点 n において状態 i である確率を $q_i(n)$ とするとき，

$$\boldsymbol{\pi}(n) = (q_1(n), q_2(n), \cdots, q_N(n))$$

を時点 n における**状態確率分布**（state distribution）という．$n=0$ のときの分布 $\boldsymbol{\pi}(0)$ を**初期分布**（initial distribution）という．

$$q_j(n) = \sum_{i=1}^{N} q_i(0) p_{ij}^{(n)}$$

となる．

定理 5.3 時点 n における状態確率分布は

$$\boldsymbol{\pi}(n) = \boldsymbol{\pi}(0) \boldsymbol{P}^{(n)} = \boldsymbol{\pi}(n-1) \boldsymbol{P}$$

である．

天気の移り変わり例においては $\boldsymbol{\pi}(0) = (1,0,0)$ とすると，

$$\boldsymbol{\pi}(1) = (0.6, 0.3, 0.1)$$
$$\boldsymbol{\pi}(2) = (0.56, 0.30, 0.14)$$

となる．

5.12.1 マルコフ連鎖のいろいろな型

$n \to +\infty$ としたときの極限における分布の振る舞いによってマルコフ連鎖のタイプを分類する．

(1) **吸収的マルコフ連鎖**（absorbing Markov chain）：どの既約な状態集合も唯一つの状態からなる．状態集合 C が既約であるとは，次の2つを満たすことである．

① C のなかのどの状態をとっても，一方から他方へ何ステップかで推移できる．

② C のどの状態からも C の外の状態へ推移できない．

(2) 既約なマルコフ連鎖：状態空間全体が1つの既約な集合になっている．既約なマルコフ連鎖はさらに次の2つに分類される．

(i) 周期的マルコフ連鎖：ある状態 i に対して，$p_{ii}^{(n)} > 0$ なる n が2以上の最大公約数 d_i をもつとき，周期的という．

(ii) **エルゴード的マルコフ連鎖**（ergodic Markov chain）（非周期的マルコフ連鎖）：どの状態 i も $d_i=1$ である．

5.12.2 吸収的マルコフ連鎖

吸収的マルコフ連鎖の推移確率行列は，次のような形をしている．

$$P = \begin{matrix} T \\ \cdots \\ A \end{matrix} \begin{pmatrix} T & \vdots & A \\ Q & \vdots & R \\ \cdots & \vdots & \cdots \\ O & \vdots & I \end{pmatrix}$$

ただし，T は過渡状態の集合，A は吸収状態の集合．n 次の推移確率行列は

$$P^{(n)} = \begin{pmatrix} Q^n & \vdots & R_n \\ \cdots & \vdots & \cdots \\ O & \vdots & I \end{pmatrix}$$

と書ける．ただし，

$$R_n = (I + Q + \cdots + Q^{n-1})R$$

$n \to +\infty$ としたとき，Q^n は零行列 O に収束する．したがって，

$$I + Q + Q^2 + \cdots = (I-Q)^{-1}$$

である．$(I-Q)^{-1}$ を**基本行列**(fundamental matrix)と呼び M で表す．すると，

$$P^{(n)} \to \begin{pmatrix} O & \vdots & MR \\ \cdots & \vdots & \cdots \\ O & \vdots & I \end{pmatrix} \quad (n \to +\infty)$$

となる．

[M, R の性質]

① $i \in T$, $j \in A$ に対し，マルコフ連鎖が i から出発し，いつかは j に吸収される確率を b_{ij} とすると，MR はそのような吸収確率の行列 $B=(b_{ij})$ に等しい．

② $i, j \in T$ に対し，M の要素 m_{ij} は，"マルコフ連鎖が i から出発し，いずれかの吸収状態に吸収されるまでに j を訪問する回数"を表す．

いま，吸収状態が唯一つとして，吸収状態に到達するまでの平均時間を求める．これまで状態は 1 から N だったが，議論を簡単にするためにそれを 0 か

ら N とし，0 を吸収状態とする．吸収状態に到達するまでの時間を T とすると，T は確率変数である．すると

$$P(T>n)=P(\text{時刻 } n \text{ までに吸収されていない})=\sum_{i=1}^{N}\pi_i(n)$$

が成り立つ．ただし，$\boldsymbol{\pi}(n)=(\pi_1(n),\pi_2(n),\cdots,\pi_N(n))$ である．

$$P(T=n)=P(T>n)-P(T>n-1)=\sum_{i=1}^{N}\pi_i(n-1)p_{i0}$$

であるので，$\boldsymbol{\pi}(n-1)=\boldsymbol{\pi}(0)\boldsymbol{Q}^{n-1}$ より，

$$P(T=n)=\boldsymbol{\pi}(0)\boldsymbol{Q}^{n-1}\boldsymbol{R}$$

が成り立つ．$P(T=n)$ の積率母関数は

$$\sum_{n=1}^{\infty}z^n P(T=n)=\sum_{n=1}^{\infty}\boldsymbol{\pi}(0)\boldsymbol{Q}^{n-1}z^n\boldsymbol{R}=\boldsymbol{\pi}(0)z(1-z\boldsymbol{Q})^{-1}\boldsymbol{R}$$

となる．これより，吸収状態に到達するまでの平均時間が計算できる．

5.12.3 エルゴード的マルコフ連鎖

エルゴード的マルコフ連鎖においては次の性質が成り立つ．

①時点 n における分布 $\boldsymbol{\pi}(n)$ は，$n\to\infty$ としたとき，初期分布 $\boldsymbol{\pi}(0)$ によらずに一定の分布に収束する．収束先の分布を**極限分布**（limit distribution）という．

②極限分布を $\boldsymbol{\alpha}$ とすると，$\boldsymbol{\alpha}$ は

$$\boldsymbol{\alpha}=\boldsymbol{\alpha}\boldsymbol{P}$$

を満たす．

例題 5.10 天気の移り変わりの例題における極限分布を求めよ．

解答 p_1, p_2, p_3 はそれぞれ晴，曇，雨の定常確率とすると，$\boldsymbol{p}=(p_1,p_2,p_3)$ とし，連立方程式 $\boldsymbol{p}\boldsymbol{P}=\boldsymbol{p}$ を解く．具体的に書くと

$$0.6\,p_1+0.6\,p_2+0.2\,p_3=p_1$$
$$0.3\,p_1+0.3\,p_2+0.3\,p_3=p_2$$
$$0.2\,p_1+0.3\,p_2+0.5\,p_3=p_3$$

を解く．ただし，$p_1+p_2+p_3=1$ の条件も入れて解く．すると，$p_1=8/15$, $p_2=3/10$, $p_3=1/6$ を得る．

5.13 時系列データ

時間の経過とともに変動する現象の記録を時系列データという．株価の変動，商品の売り上げなどの経済活動のデータ，気温の変化などの自然現象の観察データなど，数多く時系列データが存在する．観察された時系列データをもとにその変動の特性を明らかにすることが**時系列解析**（time series analysis）と呼ばれる．時系列データをもとに将来のデータの振る舞いを予測することは，人間の生活に欠かせない重要な仕事である．

時系列データを確率論を用いて分析するために，観測された時系列データ $x(1), x(2), \cdots, x(N)$ をある確率モデルを用いて記述することが行われる．これはある時刻 t に時系列のなかの1点として実現された $x(t)$ が，ある確率モデルによって記述される標本点としてみなすことである．そのような確率構造をもっている時系列データは確率過程と呼ばれる．

ここでは観測された時系列データ $x(1), x(2), \cdots, x(N)$ が，各時刻 $t=1, 2, \cdots$ において確率密度関数 $f_t(x)$ から生成された1つの実現値であるとみなす．そうすると，$x(t)$ の期待値 $E(x(t))$ や分散 $\mathrm{var}(x(t))$ が計算できる．ここでは時系列データ $x(1), x(2), \cdots, x(N)$ を取り扱っているので，$x(1), x(2)$ や $x(1), x(2), x(3)$ などの同時分布にも注意を払う必要がある．

時系列データは，通常1回限りの観測しかできないので，それを生成する確率密度関数を推定することは困難である．しかし，確率密度関数 $f_t(x)$ が時間 t に依存しないなら，ある程度の観察をもとに $f_t(x)$ を推定できる．このような時系列データは，定常であるという．

時系列解析では，確率過程が定常な場合をよく取り扱う．株価など，定常な時系列ではないという場合でも，定常とみなせるように，元データを適当に変形を施すことにより，時系列解析を行うことが多い．

定常な確率過程では $(x(1), x(4)), (x(2), x(5)), \cdots$，はすべて同じ同時確率分布に従う．そのような確率過程に対しては，$x(t)$ と $x(t+s)$ の共分散 $\mathrm{cov}(x(t), x(t+s)) = E((x(t)-\mu)(x(t+s)-\mu))$ は s だけの関数になる．これを $R_{xx}(s)$ と書く．この $R_{xx}(s)$ を**自己共分散関数**（autocovariance

5.13 時系列データ

●どちらが正しい？

確率にはときどき直感からはずれたことが起きる．その1つを紹介する．

図 5.11 のような格子状の道路がある．出発点は 0 として目的地 8 に向かう路を考える．必ず右か上に向かうものとし，左や下へ戻らないものとする．ランダムに路を選んだとき，真ん中の点 4 を通る確率を計算しよう．問題を解く前にランダムとは何かということを決める必要がある．2 つの考え方がある．(a) 各分岐点で確率 1/2 でどちらに行くかを決めるとする．(b) 0 から 8 への路は 0-1-2-5-8, 0-1-4-5-8, 0-1-4-7-8, 0-3-4-5-8, 0-3-4-7-8, 0-3-6-7-8 の全部で 6 通りある．6 つの行き方のうち，1 つをランダムに選ぶとする．(a) の考え方を使うと，図 5.11 からもわかるように，4 を通る確率は 1/2 である．一方，(b) の考え方を使うと 4 を通るのは 4/6 = 2/3 となる．さてどちらが正しいのであろうか？

結論からいうとどちらも正しい．基本事象をどのようにして定めるかによって，どちらの場合も成り立つ．

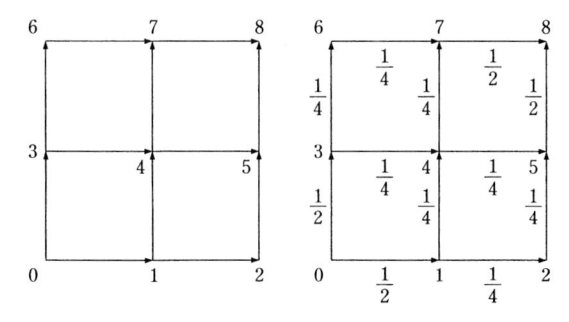

図 5.11 格子状道路，出発点 0, 終点 8
右側の図は各分岐点でランダムに路を選択するときの各道路の通過確率．

---

function) という．ここで，共分散の代わりに相関係数

$$\frac{\text{cov}(x(t),x(t+s))}{\{V(x(t))V(x(t+s))\}^{1/2}}=\frac{R_{xx}(s)}{R_{xx}(0)}=\frac{R_{xx}(s)}{\sigma^2}$$

を考えると s だけの関数となる．この関数を $\rho_{xx}(s)$ と書き，$x(t)$ の**自己相関関数**（autocorrelation function）という．$\rho(s)$ が s とともに急速に減少する場合，過去を忘れる速度が大きいということである．

2 つの定常な確率過程 $x(t)$, $y(t)$ に対しておのおのの自己相関関数は $\rho_{xx}(s)$, $\rho_{yy}(s)$ に対して，$x(t)$ を s だけずらしたものとの共分散の代わり

に，$y(t)$ を s だけずらしたものとの共分散を考えると
$$\mathrm{cov}(x(t),y(t+s))=E((x(t)-\mu)(y(t+s)-\mu))$$
となる．これは定常性より s だけの関数となる．これを相互共分散関数といい，$R_{yx}(s)$ と書く．相互相関関数 $\rho_{yx}(s)$ は同様に次式によって定義される．
$$\rho_{yx}(s)=\frac{R_{yx}(s)}{R_{xx}(0)R_{yy}(0)}$$
$R_{xx}(s)$ をフーリエ変換することによって定義される関数 $p_{xx}(f)$ を確率過程の**パワースペクトル**（power spectrum）と呼ぶ．これは確率過程を特徴付ける重要な量である．

演 習 問 題

5.1 式 (5.12) を示せ．
5.2 式 (5.14) を示せ．
5.3 2項分布の期待値が np，分散が $np(1-p)$ となることを示せ．
5.4 ポアソン分布の期待値が λ，分散が λ となることを示せ．
5.5 一様分布（連続型）の期待値，分散が $(a+b)/2$，$(b-a)^2/12$ となることを示せ．
5.6 正規分布の期待値が μ となることを示せ．
5.7 指数分布の期待値が $1/\lambda$ となることを示せ．
5.8 ベルヌーイ分布，2項分布，ポアソン分布の積率母関数を求めよ．
5.9 一様分布 $U(a,b)$，正規分布 $N(\mu,\sigma^2)$，指数分布 $\mathrm{Exp}(\lambda)$ の積率母関数を求めよ．
5.10 連続型確率変数 X の確率密度関数を $f(x)$ とするとき，確率変数 $Y=|X|$ の確率密度関数を求めよ．これを用いて，$X\sim N(0,\sigma^2)$ のときの $|X|$ の確率密度関数を求めよ．
5.11 連続型確率変数 X の確率密度関数を $f(x)$ とするとき，確率変数 $Y=X^2$ の確率密度関数を求めよ．これを用いて，$X\sim N(0,1)$ のときの X^2 の確率密度関数を求めよ．
5.12 ポアソン分布，正規分布が再生性をもつことを確かめよ．
5.13 X，Y ともに $[0,1]$ の間の独立な一様分布に従うとする．
 (a) $0\leq x\leq 1$ に対して，$P(X\leq x)$ を求めよ．
 (b) $P(X\leq x$ かつ $Y\leq x)$ を求めよ．
 (c) $Z_{max}=\max\{X,Y\}$ とするとき，Z_{max} の分布関数と確率密度関数を求めよ．

(d) $Z_{min} = \min\{X, Y\}$ とするとき，Z_{min} の分布関数と確率密度関数を求めよ．

5.14 3枚のコインを机においておく．ランダムに1枚を取ってひっくり返すという試行を続けるとする．n 回目の試行の後の表のコインの枚数を X_n とするとき，X_n はマルコフ連鎖になることを示し，その推移行列を求めよ．また定常分布を求めよ．

文　献

第1章
1) 稲葉三男：常微分方程式（共立全書196），共立出版，1973．
2) 三井斌友，小藤俊幸：常微分方程式の解法（工系数学講座），共立出版，2000．
3) 高橋陽一郎：力学と微分方程式（現代数学への入門），岩波書店，2004．

第2章
1) A.ゾンマーフェルト（増田秀行（訳））：物理数学（偏微分方程式論），講談社，1976．
2) Y. W. リー（宮川 羊，今井秀樹（訳））：不規則信号論（上・下），東京大学出版会，1973，1974．
3) M. R. Schroeder：New method of measuring reverberation time, *J. Acoust. Soc. Am.,* **37**, 409-412, 1965.
4) 橘　秀樹：室内音響測定の現状と今後の課題，日本音響学会誌，**49**，97-102，1993．

第3章
1) 松尾　陽ほか：動的空調負荷計算入門，日本建築設備士協会，1980．
2) 金谷英一ほか：建築環境工学概論，明現社，1976．
3) 宇野利雄，洪　姃植：ラプラス変換，共立出版，1974．

第4章
1) 保江邦夫：変分学，数理物理学方法序説，日本評論社，2001．
2) 林　毅，村　外志夫：変分法（応用数学講座13），コロナ社，1976．
3) 篠崎寿夫ほか：変分学入門，現代工学社，1995．
4) I. M. ゲリファント，S. V. フォーミン（関根智明（訳））：変分法，文一総合出版，1988．
5) 小磯憲史：変分問題，共立出版，1998．
6) 福島雅夫：数理計画入門（システム制御情報ライブラリー15），朝倉書店，1996．
7) 加藤直樹，大崎　純，谷　明勲：建築システム論（造形ライブラリー3），共立出版，2002．
8) O. C. ツェンキヴィッツ，R. L. テイラー（矢川元基（訳））：マトリックス有限

要素法1・2,科学技術出版社,1996.
9) 中村恒善(編著):建築構造力学 図説・演習 I・II,丸善,1994.
10) 森田紀一:位相空間論(岩波全書),岩波書店,1981.
11) 吉川 敦:関数解析の基礎,近代科学社,1990.
12) 安達忠次:微分幾何学概説,培風館,1976.
13) 原島 鮮:力学 II —解析力学—,裳華房,1978.

第5章
1) 清水良一:確率と統計,新曜社,1980.
2) 稲垣宣生:数理統計,裳華房,1990.
3) 尾崎 統,北川源四郎編:時系列解析の方法(統計科学選書5),朝倉書店,1998.

演習問題解答

第1章
1.1
(a) 特性方程式は
$$\lambda^2 + 2\lambda + 1 = 0, \quad \lambda = -1 \text{（重解）}$$
よって，e^{-x}, xe^{-x} が2つの独立な解．一般解は $c_1 e^{-x} + c_2 x e^{-x}$．初期条件より，$c_1 = 1$，$c_2 = 3$．

(b) 特性方程式
$$\lambda^2 - 6\lambda + 9 = 0, \quad \lambda = 3 \text{（重解）}$$
特性方程式は
$$\lambda^2 + 2\lambda + 1 = 0, \quad \lambda = -1 \text{（重解）}$$
よって，e^{3x}, xe^{3x} が2つの独立な解．一般解は $c_1 e^{3x} + c_2 x e^{3x}$．初期条件より，$c_1 = 2e^{-3}$，$c_2 = -e^{-3}$．

(c) 特性方程式は
$$\lambda^2 - 4\lambda + 3 = 0, \quad \lambda = 1, 3$$
e^x, e^{3x} が2つの独立な解．一般解は $c_1 e^x + c_2 e^{3x}$．初期条件より，$c_1 = -5/2$，$c_2 = 5/2$．

(d) 特性方程式は，
$$\lambda^2 + 6\lambda + 10 = 0, \quad \lambda = -3+i, -3-i$$
よって，e^{-3x+ix}, e^{-3x-ix} が2つの独立な解．一般解は $c_1 e^{-3x+ix} + c_2 e^{-3x-ix}$．初期条件より，$c_1 = (1-4i)/2$，$c_2 = (1+4i)/2$．$e^{ix} = \cos x + i \sin x$ を使うと，一般解は $e^{-3x}(\cos x + 4\sin x)$．

(e) 特性方程式は
$$\lambda^2 - 4\lambda + 29 = 0, \quad \lambda = 2+5i, 2-5i$$
よって，e^{2x+5ix}, e^{2x-5ix} が2つの独立な解．一般解は $c_1 e^{2x+5ix} + c_2 e^{2x-5ix}$．初期条件より，$c_1 = (5+i)/10$，$c_2 = (5-i)/10$．$e^{ix} = \cos x + i \sin x$ を使うと，一般解は $e^{2x}(\cos 5x - 1/5 \sin 5x)$．

1.2
(a) まず次の斉次方程式の解 $v(x)$ を求める．つまり，
$$y'' - 2y' + y = 0, \quad y(0) = 3, \quad y'(0) = 4$$
を解く．特性方程式は

$$\lambda^2-2\lambda+1=0$$

で，その解は $\lambda=1$（重解）であるので，e^x, xe^x の 2 つの特性解があり，一般解は $v(x)=ae^x+bxe^x$ で表される．$v(0)=3$, $v'(0)=4$ の初期条件より，$a=3$, $b=1$ となるので

$$v(x)=3e^x+xe^x$$

となる．非斉次方程式の解 $p(x)$ を求めるために次の斉次方程式の解 $w(x)$ をまず求める．

$$w''-2w'+w=0, \quad w(0)=0, \quad w'(0)=1$$

すると，

$$w(x)=xe^x$$

を得る．ゆえに

$$p(x)=\int_0^x w(x-t)(t+e^t)\,dt=\int_0^x (x-t)e^{(x-t)}(t+e^t)\,dt$$

実際に計算すると，

$$p(x)=\frac{1}{2}x^2 e^x+xe^x-2e^x+x+2$$

したがって，

$$y(x)=v(x)+p(x)=\frac{1}{2}x^2 e^x+2xe^x+e^x+x+2$$

を得る．

(b), (c), (d) の解答の詳細は省略．
(b) $1/6(3-4\cos x+\cos 2x)$
(c) $1/20(e^{-x}(-7+25e^{2x}+2e^{3x}\cos x+4e^{3x}\sin x))$
(d) $y(x)=e^x(3+3x-e^x\cos x-e^x\sin x)$

1.3 $y=u(x)x$ として方程式に代入すると，

$$u''(x)x-u'(x)x=0$$

を得る．よって，$u''(x)=u'(x)$．これより，$u'(x)=c_1 e^x$, $u(x)=c_1 e^x+c_2$．よって，一般解は $y=c_1 xe^x+c_2 x$．

1.4
(a) x^p を代入すると，

$$p(p-1)x^2 x^{p-2}-5xpx^{p-1}+25x^p=x^p(p(p-1)-5p+25=0)$$

これを解くと，$p=3+4i$, $3-4i$．よって，基本解は x^{3+4i}, x^{3-4i}．
(b) x^p を代入すると $p^2+8p+1=0$．これより，$p=-4+\sqrt{15}$, $-4-\sqrt{15}$．よって，基本解は $x^{-4+\sqrt{15}}$, $x^{-4-\sqrt{15}}$．

1.5
(a) $y=\sum_{i=0}^\infty a_i x^i$ とおく．y'', y' を方程式に代入すると

$$\sum_{i=2}^{\infty} i(i-1) a_i x^{i-2} - x \sum_{i=1}^{\infty} i a_i x^{i-1} - \sum_{i=0}^{\infty} a_i x^i = 0$$

整理すると

$$\sum_{i=0}^{\infty}(i+2)(i+1)a_{i+2}x^i - \sum_{i=0}^{\infty}(i+1)a_i x^i = \sum_{i=0}^{\infty}((i+2)(i+1)a_{i+2}-(i+1)a_i)x^i = 0$$

となる．ここより，

$$a_{i+2} = \frac{(i+1)a_i}{(i+2)(i+1)} = \frac{a_i}{i+2}, \qquad i=0,1,\cdots$$

を得る．この漸化式を解くと i が偶数のとき $(i=2p)$，

$$a_{2p} = \frac{a_0}{2p(2p-2)\cdots 2}$$

i が奇数のとき $(i=2p+1)$，

$$a_{2p+1} = \frac{a_1}{(2p+1)(2p-1)\cdots 3}$$

となる．これより，一般解は

$$c_0 \sum_{p=0}^{\infty} \frac{1}{2p(2p-2)\cdots 2} + c_1 \sum_{p=0}^{\infty} \frac{1}{(2p+1)(2p-1)\cdots 3}$$

となる．

(b) 省略．

1.6 (a) $y(x) = 1/3 - 1/3 \cos 3x$ (b) $y(x) = e^{-7x}(e^{6x}/2 + e^{8x}/2)$ (c) $e^{-x}(1+2x+2x^2)$

1.7 $y(x) = 1 + x + x^2/2$

1.8

$$A = \begin{bmatrix} 0 & 1 \\ 1 & 0 \end{bmatrix}, \qquad C = \begin{bmatrix} 1 \\ 1 \end{bmatrix}$$

とする．A の固有値は

$$\det(\lambda I - A) = \begin{vmatrix} \lambda & -1 \\ -1 & \lambda \end{vmatrix} = (\lambda-1)(\lambda+1) = 0$$

より，$\lambda = 1, -1$．

$$(A-I)(A+I) = \begin{bmatrix} -1 & 1 \\ 1 & -1 \end{bmatrix}\begin{bmatrix} 1 & 1 \\ 1 & 1 \end{bmatrix} = \begin{bmatrix} 0 & 0 \\ 0 & 0 \end{bmatrix}$$

なので，$\Delta = 0$ である．次に，$\lambda = 1, -1$ に対応する射影行列 P_1, P_2 を求める．

$$\frac{1}{(\lambda-1)(\lambda+1)} = \frac{1}{2(\lambda-1)} - \frac{1}{2(\lambda+1)}$$

より，

$$P_1 = \frac{1}{2}(A+I) = \begin{bmatrix} 1/2 & 1/2 \\ 1/2 & 1/2 \end{bmatrix}$$

演習問題解答

$$P_2 = -\frac{1}{2}(A-I) = \begin{bmatrix} 1/2 & -1/2 \\ -1/2 & 1/2 \end{bmatrix}$$

となる．これより，

$$P_1 C = \begin{bmatrix} 1 \\ 1 \end{bmatrix}, \qquad P_2 C = \begin{bmatrix} 0 \\ 0 \end{bmatrix}$$

となる．ゆえに

$$y(x) = e^x P_1 C + e^{-x} P_2 C = \begin{bmatrix} e^x \\ e^x \end{bmatrix}$$

を得る．

第2章

2.1 $(x+L)/2 = X$ とおくことで $0 \leq X \leq L$ となる．式 (2.16) は $f(X) = A_0 + \sum_{n=1}^{\infty}[A_n(-1)^n \cos(2n\pi/L)X + B_n(-1)^n \sin(2n\pi/L)X]$
式 (2.17) は $A_0 = 1/L \int_0^L f(X) dX$．同様に式 (2.18), (2.19) は $A_n = 2/L \int_0^L (-1)^n f(x) \cos(2n\pi/L) X dX$, $B_n = 2/L \int_0^L (-1)^n f(x) \sin(2n\pi/L) X dX$
ここで $(-1)^n A_n$, $(-1)^n B_n$ をあらためて A_n, B_n とおき，X を x と書き直すことで，結局次のフーリエ級数表示が得られる．

$$f(x) = A_0 + \sum_{n=1}^{\infty}\left[A_n \cos\frac{2n\pi}{L}x + B_n \sin\frac{2n\pi}{L}x\right] \tag{1}$$

$$A_0 = \frac{1}{L}\int_0^L f(x)\,dx \tag{2}$$

$$A_n = \frac{2}{L}\int_0^L f(x)\cos\frac{2n\pi}{L}x\,dx \tag{3}$$

$$B_n = \frac{2}{L}\int_0^L f(x)\sin\frac{2n\pi}{L}x\,dx \tag{4}$$

2.2 $C_n = C_n^R + iC_n^I$ とおいて式 (2.24) に代入し，$f(x)$ が実関数であることから

$$f(x) = \sum_{n=-\infty}^{n=\infty}\left[C_n^R \cos\frac{n\pi}{L} - C_n^I \sin\frac{n\pi}{L}\right] \tag{4}$$

となる．また，式 (2.25) から

$$C_n^R = \frac{1}{2L}\int_{-L}^L f(x)\cos\frac{n\pi}{L}x\,dx \tag{5}$$

$$-C_n^I = \frac{1}{2L}\int_{-L}^L f(x)\sin\frac{n\pi}{L}x\,dx \tag{6}$$

が得られる．$\sum_{n=-\infty}^{n=\infty}$ において，n が負のときの扱いとしては cos, sin の偶関数，奇関数の性質を利用することで式 (4) は次式となる．

$$f(x) = C_0 + \sum_{n=1}^{n=\infty}\left[2C_n^R \cos\frac{n\pi}{L} - 2C_n^I \sin\frac{n\pi}{L}\right] \tag{7}$$

ここに

$$C_0 = \frac{1}{2L}\int_{-L}^{L} f(x)\frac{n\pi}{L}x\,\mathrm{d}x \tag{8}$$

$$2C_n^R = \frac{1}{L}\int_{-L}^{L} f(x)\cos\frac{n\pi}{L}x\,\mathrm{d}x \qquad (n=1,2,3\cdots) \tag{9}$$

$$-2C_n^I = \frac{1}{L}\int_{-L}^{L} f(x)\sin\frac{n\pi}{L}x\,\mathrm{d}x \qquad (n=1,2,3\cdots) \tag{10}$$

ここで改めて $2C_n^R$, $-2C_n^I$ を A_n, B_n とおいて書き直せば式 (2.16)-(2.19) が得られる.

2.3 まずこの矩形波のフーリエ変換を求めてみよう.

$$F(\omega) = \frac{1}{2\pi}\int_{-\Delta t/2}^{\Delta t/2} \frac{1}{\Delta t}e^{-i\omega t}\,\mathrm{d}t = \frac{1}{2\pi\Delta t}\left[\frac{e^{-i\omega t}}{-i\omega}\right]_{-\Delta t/2}^{\Delta t/2} = \frac{\sin(\omega\Delta t/2)}{2\pi(\omega\Delta t/2)} \tag{11}$$

ここで $\Delta t \Rightarrow 0$ としたとき $F(\omega) = 1/2\pi$ となる. 一方, デルタ関数を直接フーリエ変換すれば, 式 (2.39) より次式が得られる.

$$\frac{1}{2\pi}\int_{-\infty}^{\infty}\delta(t)e^{-i\omega t}\,\mathrm{d}t = \frac{1}{2\pi} \tag{12}$$

2.4 $\delta(t)$ のフーリエ変換を $\Delta(f)$ として, フーリエ変換対を書けば

$$\delta(t) = \int_{-\infty}^{\infty}\Delta(f)e^{i2\pi ft}\,\mathrm{d}f \tag{13}$$

$$\Delta(f) = \int_{-\infty}^{\infty}\delta(t)e^{-i2\pi ft}\,\mathrm{d}t \tag{14}$$

となる. ここで式 (14) を計算すれば 1 となり, 式 (13) より与えられた等式が成り立つことがわかる.

2.5 式 (2.47) 中の $s_1(t+\tau)$ は式 (2.30) より

$$s_1(t+\tau) = \int_{-\infty}^{\infty} S_1(\omega)e^{i\omega(t+\tau)}\,\mathrm{d}\omega \tag{15}$$

となる. これを式 (2.48) に入れて

$$\phi_{11}(\tau) = \int_{-\infty}^{\infty} s_1(t)\left[\int_{-\infty}^{\infty} S_1(\omega)e^{i\omega t}e^{i\omega\tau}\,\mathrm{d}\omega\right]\mathrm{d}t$$

ここで t に関する積分を先に行うことで次式となる.

$$\phi_{11}(\tau) = \int_{-\infty}^{\infty} S_1(\omega)\left[\int_{-\infty}^{\infty} s_1(t)e^{i\omega t}\,\mathrm{d}t\right]e^{i\omega\tau}\,\mathrm{d}\omega$$

$$= 2\pi\int_{-\infty}^{\infty}|S_1(\omega)|^2 e^{i\omega\tau}\,\mathrm{d}\omega \tag{16}$$

第3章

3.1

$$I = L[\sin\omega t] = \int_0^{\infty} e^{-st}\cdot\sin\omega t\,\mathrm{d}t$$

$$= \left[-\frac{1}{s}e^{-st}\cdot\sin\omega t\right]_0^{\infty} - \int_0^{\infty}\left(-\frac{1}{s}e^{-st}\right)(\omega\cdot\cos\omega t)\,\mathrm{d}t$$

$$= \frac{\omega}{s} \cdot \int_0^\infty e^{-st} \cdot \cos \omega t \, \mathrm{d}t$$

$$= \frac{\omega}{s} \left\{ \left[-\frac{1}{s} e^{-st} \cdot \cos \omega t \right]_0^\infty - \int_0^\infty \left(-\frac{1}{s} e^{-st} \right) (-\omega \cdot \sin \omega t) \, \mathrm{d}t \right\}$$

$$= \frac{\omega}{s} \left[\frac{1}{s} - \frac{\omega}{s} \int_0^\infty e^{-st} \cdot \sin \omega t \, \mathrm{d}t \right]$$

$$= \frac{\omega}{s^2} [1 - \omega \cdot I]$$

$$s^2 I = \omega - \omega^2 I \qquad \therefore \quad I = \frac{\omega}{s^2 + \omega^2}$$

3.2 $f^{(k)}(t)$ に，公式

$$L[f'] = sF(s) - f(+0)$$

を用いると

$$\begin{aligned} L[f^{(k)}] &= sF^{(k-1)}(s) - f^{(k-1)}(+0) \\ &= s[sF^{(k-2)}(s) - f^{(k-2)}(+0)] - f^{(k-1)}(+0) \\ &= s^2 F^{(k-2)}(s) - sf^{(k-2)}(+0) - f^{(k-1)}(+0) \\ &= \cdots \\ &= s^k F(s) - s^{k-1} f(+0) - s^{k-2} f^{(1)}(+0) \cdots \\ &\quad - sf^{(k-2)}(+0) - f^{(k-1)}(+0) \end{aligned}$$

ただし，

$$F^{(m)}(s) = L[f^{(m)}(t)]$$

3.3

(a) $sY(s) - y(0) - 2Y(s) = F(s)$

(b) $Y(s) = \dfrac{F(s)}{s-2}$

(c) $k(t) = \displaystyle\int_0^t g(t-\tau) k(\tau) \, \mathrm{d}\tau$

$K(s) = G(s) H(s)$

(d) e^{2t}

(e) $y(t) = \displaystyle\int_0^t e^{2(t-\tau)} f(\tau) \, \mathrm{d}\tau$

$y(t) = \displaystyle\int_0^t e^{2(t-\tau)} e^{-3\tau} \, \mathrm{d}\tau = -\frac{1}{s}(e^{-3t} - e^{2t})$

第4章

4.1 式 (4.68) において，$q = ax$ とすると，一般解は

$$v = \frac{1}{120} x^5 + C_1 x^3 + C_2 x^2 + C_3 x + C_4 \tag{1}$$

である．境界条件は，

であり，
$$v(0)=v'(0)=v''(L)=v'''(L)=0 \tag{2}$$

$$C_1=-\frac{1}{12}L^2, \qquad C_2=\frac{1}{6}L^3 \tag{3}$$

を得る．

4.2 式 (4.93) に $x=-L/2,\ L/2$ での境界条件を用いると，次の各式を得る．
$$\begin{aligned}\lambda &= C_1\cosh\!\left(-\frac{\rho L}{2C_1}+C_2\right)\\ \lambda &= C_1\cosh\!\left(\frac{\rho L}{2C_1}+C_2\right)\end{aligned} \tag{4}$$

$\cosh x$ は x の偶関数なので，上の2式が同時に成立するためには $C_2=0$ である．したがって，λ は C_1 を用いて
$$\lambda=C_1\cosh\!\left(\frac{\rho L}{2C_1}\right) \tag{5}$$

のように書ける．また，λ は曲線の長さに影響しないので，長さが D であるための条件
$$\int_{-L/2}^{L/2}\!\left[\frac{C_1}{\rho}\cosh\!\left(\frac{\rho x}{C_1}\right)\right]\!\mathrm{d}x=D \tag{6}$$

から C_1 を決定できる．

式 (4.93) の両辺を ρ で割って $\lambda^*=\lambda/\rho,\ C_1^*=C_1/\rho$ とすると，次のように変形できる．
$$y+\lambda^*=C_1^*\cosh\!\left(\frac{x}{C_1^*}\right) \tag{7}$$

したがって，曲線の形状は ρ とは無関係である．

4.3 $\Pi[v]$ の第1変分は次のようになる．
$$\begin{aligned}\delta\Pi &= \int_0^L (EIv''\delta v'' - Pv'\delta v' - q\delta v)\,\mathrm{d}x\\ &= [EIv''\delta v' - Pv'\delta v]_0^L + \int_0^L (-EIv'''\delta v' + Pv''\delta v - q\delta v)\,\mathrm{d}x\\ &= [EIv''\delta v' - Pv'\delta v]_0^L - [EIv'''\delta v]_0^L + \int_0^L (EIv'''' + Pv'' - q)\delta v\,\mathrm{d}x\end{aligned} \tag{8}$$

したがって，釣合い式は
$$EIv'''' + Pv'' - q = 0 \tag{9}$$

である．

$q(x)=0$ のとき，釣合い式は $EIv''''+Pv''=0$ なので，$k=\sqrt{P/EI}$ とすると，一般解は
$$v = C_1\sin kx + C_2\cos kx + C_3 x + C_4 \tag{10}$$

である．式 (10) で定義される $v\ (\neq 0)$ が境界条件を満たすことから，P を求める

ことができる．このようにして得られる荷重 P を座屈荷重という．

4.4 境界の線積分を $\int_D$ で表すと，面積 S は

$$S=\int_D y\mathrm{d}x \tag{11}$$

であり，境界の長さ G は

$$G=\int_D \sqrt{1+(y')^2}\mathrm{d}x \tag{12}$$

である．面積の指定値を S_0 とすると，ラグランジアンは次式で定義できる．

$$L=\int_D \sqrt{1+(y')^2}\mathrm{d}x+\lambda\left(\int_D y\mathrm{d}x-S_0\right) \tag{13}$$

したがって，オイラーの方程式は次のようになる．

$$\frac{\mathrm{d}}{\mathrm{d}x}\left(\frac{y'}{\sqrt{1+(y')^2}}\right)=\lambda \tag{14}$$

上式を積分すると，

$$\frac{y'}{\sqrt{1+(y')^2}}=\lambda x+C_1 \tag{15}$$

となり，これを整理すると

$$\left(x+\frac{C_1}{\lambda}\right)^2+(y-C_2)^2=\frac{1}{\lambda^2} \tag{16}$$

を得る．したがって，求める曲線は円である．

第5章

5.1 X, Y が離散型分布の場合について考える．X のとりうる値を $a_1, a_2, \cdots, a_m$，Y のとりうる値を $b_1, b_2, \cdots, b_n$ とする．X が Y と独立なので，$P(X=a_i|Y=b_j)=\dfrac{P(X=a_i, Y=b_j)}{P(Y=b_j)}=P(X=a_i)$ が任意の a_i について成り立つ．よって，

$$P(X=a_i, Y=b_j)=P(X=a_i)P(Y=b_j)$$

が任意の a_i, b_j に対して成り立つ．また，

$$E(XY)=\sum_{i=1}^{m}\sum_{j=1}^{n}a_i b_j P(X=a_i, Y=b_j)$$

であるので，$P(X=a_i, Y=b_j)=P(X=a_i)P(Y=b_j)$ を代入すると，

$$\sum_{i=1}^{m}\sum_{j=1}^{n}a_i b_j P(X=a_i, Y=b_j)=\sum_{i=1}^{m}\sum_{j=1}^{n}a_i b_j P(X=a_i)P(Y=b_j)$$
$$=\sum_{i=1}^{m}P(X=a_i)a_i\sum_{j=1}^{n}b_j P(Y=b_j)$$
$$=E(X)E(Y)$$

を得る．

5.2 X が離散型分布の場合について示す．X のとりうる値を $a_1, a_2, \cdots, a_m, P(X=a_i)=p_i$ とする．すると

である．すると
$$V(X)=\sum_{i=1}^{m}(a_i-E(X))^2 p_i$$
$$=\sum_{i=1}^{m}(a_i^2-2a_iE(X)+\{E(x)\}^2)p_i$$

である．ここで，$\sum_{i=1}^{m} a_i E(X)p_i = E(X)\sum_{i=1}^{m} a_i p_i = \{E(x)\}^2$，$\sum_{i=1}^{m}\{E(X)\}^2 p_i = \{E(X)\}^2 \sum_{i=1}^{m} p_i = \{E(x)\}^2$ であるので，
$$V(X)=E(X^2)-\{E(X)\}^2$$
を得る．

5.3 期待値の公式より，2項分布の期待値は
$$\sum_{k=0}^{n} k\binom{n}{k}p^k(1-p)^{n-k} \tag{1}$$

である．これを計算するために以下の公式を用いる．2項展開の公式より
$$(x+b)^n = \sum_{k=0}^{n}\binom{n}{k}x^k b^{n-k} \tag{2}$$

が成り立つがこの両辺を x で微4すると，
$$n(x+b)^{n-1} = \sum_{k=0}^{n}\binom{n}{k}kx^{k-1}b^{n-k} \tag{3}$$

が成り立つ．この両辺に x を掛けると
$$nx(x+b)^{n-1} = \sum_{k=0}^{n}\binom{n}{k}kx^k b^{n-k}$$

となり，ここで $x=p$，$b=1-p$ を代入すると
$$np = \sum_{k=0}^{n}\binom{n}{k}kp^k(1-p)^{n-k}$$

である．よって，(1)式より，2項分布の期待値は np となる．

次に分散であるが，まず2乗平均 $E(X^2)$ を考える．式 (2) より，この両辺を2回微分すると
$$n(n-1)(x+b)^{n-2} = \sum_{k=0}^{n}\binom{n}{k}k(k-1)x^{k-2}b^{n-k} \tag{4}$$

が成り立つ．両辺に x^2 を掛けると
$$n(n-1)x^2(x+b)^{n-2} = \sum_{k=0}^{n}\binom{n}{k}k(k-1)x^k b^{n-k}$$

となるが，$\sum_{k=0}^{n}\binom{n}{k}kx^k b^{n-k} = np$ であることに注意すると，$x=p$，$b=1-p$ を代入することより，

演習問題解答　*159*

$$n(n-1)p^2 = \sum_{k=0}^{n}\binom{n}{k}k^2 p^k(1-p)^{n-k} - np \tag{5}$$

となるが，2 乗平均は上式の第 1 項に等しいので

$$E(X^2) = n(n-1)p^2 + np \tag{6}$$

である．式 (5.14) より，分散は $V(X) = E(X^2) - \{E(X)\}^2$ であるので，

$$V(X) = n(n-1)p^2 + np - n^2 p^2 = np(1-p)$$

となる．

（別解）2 項分布はベルヌーイ分布に従う互いに独立な n 個の確率変数 X_1, X_2, $\cdots$, X_n に対して $Y = \sum_{i=1}^{n} X_i$ と書ける．すると，式 (5.10) より，期待値はベルヌーイ分布の期待値の n 倍となり，np となる．また分散であるが，式 (5.17) と，X_1, X_2, $\cdots$, X_n が互いに独立なことから $C(X_i, X_j) = 0 (i \ne j)$ であるので，$V(X_1 + X_2 + \cdots + X_n) = V(X_1) + V(X_2) + \cdots V(X_n) = np(1-p)$ となる．

5.4 期待値は以下の式になる．

$$\begin{aligned}\sum_{k=0}^{\infty} k \cdot \frac{\lambda^k}{k!} e^{-\lambda} &= \sum_{k=1}^{\infty} \cdot \frac{\lambda^k}{(k-1)!} e^{-\lambda} \\ &= \sum_{k=0}^{\infty} \lambda \frac{\lambda^k}{k!} e^{-\lambda} \\ &= \lambda \quad \left(\sum_{k=0}^{\infty} \frac{\lambda^k}{k!} e^{-\lambda} = 1 \text{ を用いた．}\right)\end{aligned} \tag{7}$$

分散は次のように計算できる．まず 2 乗平均を求める．

$$\begin{aligned}\sum_{k=0}^{\infty} k^2 \cdot \frac{\lambda^k}{k!} e^{-\lambda} &= \sum_{k=1}^{\infty} \cdot k \cdot \frac{\lambda^k}{(k-1)!} e^{-\lambda} \\ &= \sum_{k=0}^{\infty} (k+1) \lambda \frac{\lambda^k}{k!} e^{-\lambda} \\ &= \lambda \cdot \sum_{k=0}^{\infty} k \frac{\lambda^k}{k!} e^{-\lambda} + \lambda \cdot \sum_{k=0}^{\infty} \frac{\lambda^k}{k!} e^{-\lambda} \\ &= \lambda^2 + \lambda\end{aligned} \tag{8}$$

最後の部分であるが，第 1 項は式 (7) において導いた $\sum_{k=0}^{\infty} k \cdot (\lambda^k/k!) e^{-\lambda} = \lambda$ を用いた．第 2 項は $\sum_{k=0}^{\infty} (\lambda^k/k!) e^{-\lambda} = 1$ を用いた．式 (7)，(8) および式 (5.14) より分散は λ となる．

5.5 定義より期待値は次のようになる．

$$\int_a^b \frac{x}{b-a} \mathrm{d}x = \frac{b^2 - a^2}{2(b-a)} = \frac{a+b}{2}$$

分散も定義より以下のように計算される．

$$\frac{1}{b-a} \int_a^b \left(x - \frac{a+b^2}{2}\right)^2 \mathrm{d}x = \frac{(b-a)^2}{12}$$

5.6 まず最初に式 (5.7) の密度関数 $f(x)$ が $\int_{-\infty}^{\infty} f(x) \mathrm{d}x = 1$ を満たすことを確かめ

ておこう．$X=(x-\mu)/\sigma$ と変数変換すると，

$$\int_{-\infty}^{\infty}\frac{1}{\sqrt{2\pi}}e^{-(X^2/2)}\mathrm{d}X=1$$

を示せばよいことがわかる．よって

$$\int_{-\infty}^{\infty}\frac{1}{\sqrt{2\pi}}e^{-(X^2/2)}\mathrm{d}X\int_{-\infty}^{\infty}\frac{1}{\sqrt{2\pi}}e^{-(Y^2/2)}\mathrm{d}Y=\int_{-\infty}^{\infty}\int_{-\infty}^{\infty}\frac{1}{2\pi}e^{-((X^2+Y^2)/2)}\mathrm{d}X\mathrm{d}Y=1 \quad (9)$$

を示すことと同値である．$X=r\cos\theta$，$Y=r\sin\theta$ と変数変換すると，

$$\mathrm{d}X\mathrm{d}Y=\begin{vmatrix}\frac{\partial X}{\partial r} & \frac{\partial X}{\partial \theta} \\ \frac{\partial Y}{\partial r} & \frac{\partial Y}{\partial \theta}\end{vmatrix}\mathrm{d}r\mathrm{d}\theta=\begin{vmatrix}\cos\theta & -r\sin\theta \\ \sin\theta & r\cos\theta\end{vmatrix}=r\mathrm{d}r\mathrm{d}\theta$$

であるので，式 (9) より

$$\int_{-\infty}^{\infty}\int_{-\infty}^{\infty}\frac{1}{2\pi}e^{-((X^2+Y^2)/2)}\mathrm{d}X\mathrm{d}Y=\int_{0}^{\infty}\int_{0}^{2\pi}\frac{1}{2\pi}e^{-(r^2/2)}r\mathrm{d}r\mathrm{d}\theta=\int_{0}^{\infty}e^{-(r^2/2)}r\mathrm{d}r \quad (10)$$

となる．ここで $z=r^2/2$ とさらに変数変換すると

$$\int_{0}^{\infty}e^{-(r^2/2)}r\mathrm{d}r=\int_{0}^{\infty}e^{-z}\mathrm{d}z=[-e^{-z}]_{0}^{\infty}=1$$

となることが確認できた．次に期待値を計算してみよう．定義から次のようになる．

$$\int_{-\infty}^{\infty}\frac{x}{\sqrt{2\pi}\sigma}e^{-((x-\mu)^2/2\sigma^2)}\mathrm{d}x$$

$X=(x-\mu)/\sigma$ と変数変換すると，上の式は

$$\int_{-\infty}^{\infty}\frac{\sigma X+\mu}{\sqrt{2\pi}\sigma}e^{-X^2}\sigma\mathrm{d}X=\int_{-\infty}^{\infty}\frac{\sigma X}{\sqrt{2\pi}}e^{-X^2}\mathrm{d}X+\int_{-\infty}^{\infty}\frac{\mu}{\sqrt{2\pi}}e^{-X^2}\mathrm{d}X$$

上の式の右辺第1項は奇関数なので積分値は0，右辺第2項は $\int_{-\infty}^{\infty}(1/\sqrt{2\pi})e^{-X^2}\mathrm{d}X=1$ なので，μ となる．よって，期待値は μ である．

5.7 定義より

$$\int_{0}^{\infty}\lambda xe^{-\lambda x}\mathrm{d}x$$

であるが，これに部分積分の公式を適用すると，

$$[-xe^{-\lambda x}]_{0}^{\infty}-\int_{0}^{\infty}\lambda(-e^{-\lambda x})\mathrm{d}x$$

となり，結局 $1/\lambda$ となる．

5.8 ベルヌーイ分布：定義より

$$\phi(\theta)=e^{\theta\cdot 1}p+e^{\theta\cdot 0}(1-p)=pe^{\theta}+1-p$$

2項分布：2項分布はベルヌーイ分布に従う互いに独立な n 個の確率変数 X_1，X_2，$\cdots$，X_n に対して $\sum_{i=1}^{n}$ と書ける．すると，5.1.8項の定理5.1より，2項分布の積率母関数はベルヌーイ分布の n 乗になる．

ポアソン分布：定義より積率母関数は

$$\sum_{k=0}^{\infty} \frac{\lambda^k}{k!} e^{-\lambda} e^{\theta k} = e^{-\lambda} \sum_{k=0}^{\infty} \frac{(\lambda e^{\theta})^k}{k!}$$
$$= e^{-\lambda} e^{\lambda e^{\theta}}$$
$$= e^{\lambda(e^{\theta}-1)}$$

5.9 一様分布：定義より
$$\int_a^b \frac{e^{\theta x}}{b-a} dx = \left[\frac{e^{\theta x}}{\theta(b-a)}\right]_a^b = \frac{e^{b\theta} - e^{ab}}{\theta(b-a)}$$

正規分布：省略．

指数分布：
$$\int_0^{\infty} \lambda e^{\theta x} e^{-\lambda x} dx = \left[\lambda \frac{e^{(\theta-\lambda)x}}{\theta-\lambda}\right]_0^{\infty} = \frac{\lambda}{\lambda-\theta}$$

5.10 X, Y の分布関数をそれぞれ $F(x)$, $G(y)$ とする．
$$G(y) = P(Y \leq y) = P(-y \leq X \leq y) = F(y) - F(-y)$$
よって，Y の確率密度関数 $g(y)$ は $G'(y)$ であるので，
$$g(y) = \frac{F(y)}{dy} - \frac{F(-y)}{dy} = f(y) + f(-y) = f(|x|) + f(-|x|)$$
である．

5.11 X, Y の分布関数をそれぞれ $F(x)$, $G(y)$ とする．
$$G(y) = P(Y \leq y) = P(-\sqrt{y} \leq X \leq \sqrt{y}) = F(\sqrt{y}) - F(-\sqrt{y})$$
よって，Y の確率密度関数 $g(y)$ は $G'(y)$ であるので，
$$g(y) = \frac{F(\sqrt{y})}{dy} - \frac{F(-\sqrt{y})}{dy} = \frac{f(\sqrt{y})}{2\sqrt{y}} + \frac{f(-\sqrt{y})}{2\sqrt{y}}$$
である．

5.12 省略．

5.13

(a) $P(X \leq x) = x$

(b) X, Y は互いに独立だから $P(X \leq x \text{ かつ } Y \leq x) = P(X \leq x) \cdot P(Y \leq x) = x^2$．

(c) $Z_{max} = \max\{X, Y\}$ より，$P(Z_{max} \leq x) = P(X \leq x \text{ かつ } Y \leq x)$．したがって，(b) より，$P(Z_{max} \leq x) = x^2$．これは Z_{max} の分布関数を表す．確率密度関数はこれを x で微分して得られる．

(d) $Z_{min} = \min\{X, Y\}$ より，$P(Z_{min} \geq x) = P(X \geq x \text{ かつ } Y \geq x)$．$P(X \geq x) = 1 - x$ だから，$P(Z_{min} \geq x) = (1-x)^2$．よって，$P(Z_{min} \leq x) = 1 - (1-x)^2 = 2x - x^2$．これは Z_{min} の分布関数を表す．確率密度関数はこれを x で微分して得られる．

5.14 X_n の状態は $\{0, 1, 2, 3\}$ のいずれかであり，X_n は X_{n-1} にしか依存しない．よってマルコフ連鎖となる．推移行列 A は以下のようになる．

$$\begin{array}{c c}& \begin{array}{cccc} 0 & 1 & 2 & 3 \end{array} \\ \begin{array}{c} 0 \\ 1 \\ 2 \\ 3 \end{array} & \left(\begin{array}{cccc} 0 & 1 & 0 & 0 \\ 1/3 & 0 & 2/3 & 0 \\ 0 & 2/3 & 0 & 1/3 \\ 0 & 0 & 1 & 0 \end{array} \right) \end{array}$$

定常確率を $p=(p_0, p_1, p_2, p_3)$ とすると,

$$pA=p$$

が成り立つ．これを解くと $p_0=1/7$, $p_1=3/7$, $p_2=3/7$, $p_3=1/7$ となる．

索　引

ア　行

安定（釣合い状態の）　96
安定性（釣合い状態の）　95

位置エネルギー　81, 95, 100
一様収束　42
一様分布　120
一様乱数　126
一般解　10
インパルス応答　38, 45, 59, 71
インパルス積分法　59

運動エネルギー　106
運動方程式　107

エネルギースペクトル　51
エネルギー密度スペクトル　51
M系列信号　61
エルゴード過程　52
エルゴード的マルコフ連鎖　142
演算子法　64

オイラーの恒等式　42
オイラーの方程式　88, 90, 99, 104
重み関数　72, 82, 104
重み付き残差法　104

カ　行

階級降下法　19
開区間　83
カイ2乗分布　138
解の一意性定理　9

外力仕事　85
ガウス波形　46
確率分布　115
確率変数　115
確率密度関数　116
重ね合わせの原理　71
過渡関数　49
ガラーキン法　103, 109
環境工学　62
関数列　102
完全関数系　102
完備性　102
ガンマ分布　121

棄却域　136
期待値　123
既知関数　7
基底関数　102
ギブスの現象　41
基本解　11
帰無仮説　135
逆ラプラス変換　63
吸収的マルコフ連鎖　141
境界条件　86, 96
境界値問題　8, 64
強形式　104
共振　18
強制振動　16
行列指数関数　28
極　77
極限分布　143
極小曲面　91
極小値　84, 94

局所極小点　84
局所極大点　83
極大値　83
許容関数　86, 96, 102
近傍　83

区分的になめらか　41
区分的連続　41, 67
クロスエネルギースペクトル　52
クロススペクトル　52
クロスパワースペクトル　52
クロネッカーのデルタ　50

原関数　64, 76
減衰曲線　59
減衰項　17
懸垂線　92, 101

高階常微分方程式　22
高階導関数　84
高階微分係数　84
剛性行列　108
合成積　47, 63, 69
コーシー・オイラーの方程式　20
固有空間　29
固有値　29
固有値問題　106
固有ベクトル　29

サ　行

最急降下線　82
サイクロイド　94
最小原理　81
最小値　83, 84
最小点　84
最速降下線　92
最大値　83, 84
最大点　84
最適化手法　82
最適化問題　82
最尤原理　134
三角関数列　102
残響時間　58

サンプリング周波数　38

時系列解析　144
時系列データ　144
試験関数　104
試行　113
自己共分散関数　144
自己相関関数　49, 145
事象　114
指数関数　42
　——のラプラス変換　68
指数分布　120
自然境界条件　96, 98, 103
4端子行列　78
質量行列　108
射影行列　31
弱形式　104
周期関数　49
周期信号　49
自由境界問題　96
重根　76
自由振動　106
周波数　45
周波数特性　47
十分条件　84
周辺確率分布　117
状態確率分布　141
常微分方程式　1
初期値問題　8, 64
初期分布　141
Sinc関数　46
振動数　45
信頼区間　131

推移確率行列　140
数理計画法　82
スペクトル　45

正規分布　120
斉次方程式　10
積率　125
積率母関数　125
z変換　131

線形システム　45
線形常微分方程式　63,75
　　定係数の——　75
線形性　67
線形微分方程式　7
全ポテンシャルエネルギー　81,82,85,90,
　97

相関関数　37
相関係数　123
双曲線関数　110
相互相関関数　52
束縛条件　97,98,103

タ　行

帯域ノイズ　58
第 1 変分　87
代数方程式　64
第 2 変分　94
対立仮説　135
たたみ込み　45
ダランベールの判定法　22
単根　76

超関数　72
重畳の原理　70
直接法　101

釣合い形状　100
釣合い式　97
釣合い条件　81
釣合い状態　95

TSP 信号　61
定義域　83
t 検定　137
t 分布　132
テイラー展開　87,94
停留関数　88
停留条件　84,103
停留点　84
デルタ関数　38,46,71
　　ディラクの——　46

電気回路　64
伝熱分野　62

導関数　63,84
同時（結合）確率分布　117
同次境界条件　86,101
等周問題　82,98
特性方程式　11
独立　114
特解　12

ナ　行

2 階常微分方程式　9
　　変係数——　18
2 項分布　119

熱貫流率　63
熱コンダクタンス　74
熱伝導方程式（非定常の）　77
熱容量　63,73

伸び剛性　95

ハ　行

媒介変数　93,110,111
白色雑音　51
パーセバルの等式　50
パワースペクトル　50,51,146
パワー密度スペクトル　51
汎関数　80
反転公式　76

比較関数　86,98
非周期関数　49
ひずみエネルギー　85,106
非斉次方程式　10
被積分関数　85
必要十分条件　94
必要条件　84,99
微分係数　84
微分方程式　104,108
　　ベッセルの——　18,109
標本空間　113

標本点　113

不安定（釣合い状態の）　96
不規則関数　49, 51
不規則信号　49
複素関数論　64
付帯条件　98
部分積分　88, 99, 105
　——の公式　64
部分分数　68
部分分数展開　75
フーリエ　37
フーリエ解析　37
フーリエ逆変換　44
フーリエ級数　39, 102
フーリエ積分　37
フーリエ変換　37, 44
分散　123
分数関数　68
分布関数　116

平均収束　42
平均2乗誤差　39
閉区間　83
ベイズの定理　115
べき級数解　21
べき級数展開　20
ベルヌーイ分布　118
変位境界条件　97, 105
変関数　86
変曲点　84
変数分離法　53
偏微分方程式　64
変分学　81
　——の基本補助定理　88
変分原理　81
変分法　81
変分問題　81

ポアソン分布　119

ボレルの定理　69

マ　行

待ち行列理論　7
マルコフ連鎖　140

未知関数　7

無記憶性　121
無理関数　76

ヤ　行

有界　83
有限要素法　82, 104
有理関数　76

陽な関数　90

ラ　行

ラグランジアン　99
ラグランジュ関数　99
ラグランジュ乗数　99
ラプラス変換　37, 47, 62, 68
　——のパラメータ　63

力学的境界条件　98
離散一様分布　118
離散型確率変数　115
リッツ法　103, 106, 108
留数の定理　77
両側仮説　136

レイリー商　107
レイリー・リッツ法　106
連続型確率変数　116
連続関数　83
連立1階微分方程式　26

ロジスティック方程式　4
ロトカ・ボルテラ方程式　5

著者略歴

加藤 直樹
1951 年 福井県に生まれる
1975 年 京都大学大学院工学研究科
　　　　修士課程修了
現　在　京都大学大学院工学研究科教授
　　　　工学博士

鉾井 修一
1951 年 北海道に生まれる
1975 年 京都大学大学院工学研究科
　　　　修士課程修了
現　在　京都大学大学院工学研究科教授
　　　　工学博士

髙橋 大弐
1951 年 愛知県に生まれる
1977 年 京都大学大学院工学研究科
　　　　修士課程修了
現　在　京都大学大学院工学研究科教授
　　　　工学博士

大崎 純
1960 年 大阪府に生まれる
1985 年 京都大学大学院工学研究科
　　　　修士課程修了
現　在　京都大学大学院工学研究科准教授
　　　　工学博士

科学のことばとしての数学
建築工学のための数学　　　　　　　定価はカバーに表示

2007 年 10 月 10 日　初版第 1 刷
2017 年 1 月 25 日　　第 6 刷

著　者　加　藤　直　樹
　　　　鉾　井　修　一
　　　　髙　橋　大　弐
　　　　大　崎　　　純
発行者　朝　倉　誠　造
発行所　株式会社　朝倉書店
　　　　東京都新宿区新小川町 6-29
　　　　郵便番号　162-8707
　　　　電話　03(3260)0141
　　　　FAX　03(3260)0180
　　　　http://www.asakura.co.jp

〈検印省略〉

© 2007 〈無断複写・転載を禁ず〉　　　新日本印刷・渡辺製本

ISBN 978-4-254-11636-6　C 3341　　Printed in Japan

JCOPY　<(社)出版者著作権管理機構　委託出版物>

本書の無断複写は著作権法上での例外を除き禁じられています．複写される場合は，そのつど事前に，(社)出版者著作権管理機構（電話 03-3513-6969，FAX 03-3513-6979, e-mail: info@jcopy.or.jp）の許諾を得てください．

好評の事典・辞典・ハンドブック

数学オリンピック事典	野口 廣 監修	B5判 864頁
コンピュータ代数ハンドブック	山本 慎ほか 訳	A5判 1040頁
和算の事典	山司勝則ほか 編	A5判 544頁
朝倉 数学ハンドブック [基礎編]	飯高 茂ほか 編	A5判 816頁
数学定数事典	一松 信 監訳	A5判 608頁
素数全書	和田秀男 監訳	A5判 640頁
数論<未解決問題>の事典	金光 滋 訳	A5判 448頁
数理統計学ハンドブック	豊田秀樹 監訳	A5判 784頁
統計データ科学事典	杉山高一ほか 編	B5判 788頁
統計分布ハンドブック (増補版)	蓑谷千凰彦 著	A5判 864頁
複雑系の事典	複雑系の事典編集委員会 編	A5判 448頁
医学統計学ハンドブック	宮原英夫ほか 編	A5判 720頁
応用数理計画ハンドブック	久保幹雄ほか 編	A5判 1376頁
医学統計学の事典	丹後俊郎ほか 編	A5判 472頁
現代物理数学ハンドブック	新井朝雄 著	A5判 736頁
図説ウェーブレット変換ハンドブック	新 誠一ほか 監訳	A5判 408頁
生産管理の事典	圓川隆夫ほか 編	B5判 752頁
サプライ・チェイン最適化ハンドブック	久保幹雄 著	B5判 520頁
計量経済学ハンドブック	蓑谷千凰彦ほか 編	A5判 1048頁
金融工学事典	木島正明ほか 編	A5判 1028頁
応用計量経済学ハンドブック	蓑谷千凰彦ほか 編	A5判 672頁

価格・概要等は小社ホームページをご覧ください．